SAMMLUNG GÖSCHEN BAND 1151

TECHNISCHE THERMODYNAMIK

Von

Dr.-Ing. habil. Dr. E. h. Wilhelm Nußelt
o. Professor an der Technischen Hochschule München

II

Theorie der Wärmekraftmaschinen

Mit 87 Abbildungen
und 32 Zahlentafeln

Neudruck

Walter de Gruyter & Co.
vormals G. J. Göschen'sche Verlagshandlung · J. Guttentag, Verlagsbuchhandlung · Georg Reimer · Karl J. Trübner · Veit & Comp.
Berlin 1951

Archiv-Nr. 11 11 51
Druck von Walter de Gruyter & Co., Berlin W 35
Printed in Germany

Inhaltsverzeichnis

Schrifttum 4
Einleitung 5
Abschnitt I. Die Verbrennung 5
§ 1. Die Brennstoffe 5
§ 2. Der Heizwert der Brennstoffe 7
§ 3. Die Verbrennungsprodukte 8
§ 4. Die Verbrennungstemperatur 11
§ 5. Der zeitliche Verlauf der Verbrennung 13
a) Die Verbrennung von festen Brennstoffen 14
b) Die Verbrennungsgeschwindigkeit von Brenngas-Luftgemischen 16
c) Die Verbrennung flüssiger Brennstoffe 24
§ 6. Die Entropiezunahme bei der Verbrennung 25
§ 7. Die maximale Arbeit der Brennstoffe 27
Abschnitt II. Die Elemente der Gesetze der Wärmeübertragung 29
§ 1. Die Pécletsche Formel 29
§ 2. Die Wärmestrahlung 31
§ 3. Die Strahlung der Gase 35
§ 4. Die Wärmeleitung 36
§ 5. Der Wärmeübergang durch Strömung 38
§ 6. Der Wärmeübergang durch Konvektion 45
§ 7. Der Wärmeübergang bei der Kondensation von Dämpfen 46
Abschnitt III. Die Theorie der Wärmekraftmaschinen 48
§ 1. Die Beurteilung der Wärmekraftmaschinen 48
§ 2. Die Kolbendampfmaschine 50
a) Die Gütegrade 51
b) Der Vergleichsprozeß der Dampfmaschine 54
c) Der Verlust durch unvollständige Expansion 60
d) Der Verlust durch schädlichen Raum 61
e) Der Arbeitsverlust durch Drosselung 64
f) Die Wandwirkung 65
g) Die kalorimetrische Untersuchung der Dampfmaschine 67
h) Das Verfahren von Krauß-Boulvin 69
i) Die Temperaturschwankungen in der Zylinderwand 70
k) Mittel zur Verringerung der Wandwirkung 72
§ 3. Die Dampfturbine 77
a) Einteilung und Arten der Dampfturbinen 77
b) Die Dampfströmung mit Reibung 81
c) Die Reibungsbeiwerte 85
d) Der Energieumsatz in der Stufe einer Gleichdruckturbine .. 88
e) Der Energieumsatz in der Stufe einer Überdruckturbine ... 92
f) Die Stufenzahl einer vielstufigen Turbine 95
g) Sonderbauarten 98
h) Das Verhalten der Dampfturbine im Betrieb 99

§ 4. Neuere Entwicklung der Dampfkraftanlagen 101
a) Der Hochdruckdampf 102
b) Die Carnotisierung des Dampfmaschinenprozesses 106
c) Die Mehrstoffwärmekraftmaschine 108
§ 5. Die Verbrennungskraftmaschine 110
a) Einteilung und Wirkungsgrade 110
b) Gasmotoren 112
c) Der Vergleichsprozeß des Ottomotors 114
d) Die Verbrennung im Motor 117
e) Regelung und Zweitakt 122
f) Abwärmeverwertung 123
g) Der Vergasermotor 125
h) Der Ölmotor 127
i) Die Gas- und Ölturbine 136
k) Der Strahlantrieb 139
Ausblick 141
Sachverzeichnis 143

Schrifttum

Verbrennung

W. Lindner, Entzündung und Verbrennung von Gas- und Brennstoffdampfgemischen, Berlin 1931.
W. Jost, Explosions- und Verbrennungsvorgänge in Gasen, Berlin 1939.
W. Gumz, Kurzes Handbuch der Brennstoff- und Feuerungstechnik, Berlin 1942.

Wärmeübertragung

H. Gröber und S. Erk, Die Grundgesetze der Wärmeübertragung, Berlin 1933.
M. ten Bosch, Die Wärmeübertragung, Berlin 1936.
A. Schack, Der industrielle Wärmeübergang, Düsseldorf 1940.

Dampfmaschinen

F. Barth, Die Dampfmaschinen, Sammlung Göschen.
M. F. Gutermuth, Die Dampfmaschine, Berlin 1928.
R. Graßmann, Anleitung zur Berechnung einer Dampfmaschine, Berlin 1924.
A. Loschge, Wärmekraft- und Wärmearbeitsmaschinen, Leipzig 1929.

Dampfturbinen

C. Zietemann, Die Dampfturbinen, Sammlung Göschen.
A. Stodola, Dampf- und Gasturbinen, Berlin 1924.
G. Flügel, Die Dampfturbinen, Leipzig 1931.

Verbrennungskraftmaschinen

P. Meyer, Die Brennkraftmaschinen, Sammlung Göschen.
O. Kraemer, Bau und Berechnung der Verbrennungskraftmaschinen, Berlin 1948.
H. List, Die Verbrennungskraftmaschine, Berlin ab 1939.
F. A. F. Schmidt, Verbrennungsmotoren, Berlin 1939.
W. Pflaum, IS-Diagramme für Verbrennungsgase, Berlin 1932.
O. Lutz und F. Wolf, IS-Tafel für Luft und Verbrennungsgase, Berlin 1938.

Einleitung

Die technische Thermodynamik ist mit der Dampfmaschine entstanden und hat sich an ihren theoretischen Bedürfnissen entwickelt. Zur Dampfmaschine haben sich inzwischen die Verbrennungskraftmaschine und die Dampfturbine gesellt; die Gas- und Ölturbine, der Kohlenstaubmotor und der Strahlantrieb sind in aussichtsreicher Entwicklung begriffen. Der Geltungs- und Anwendungsbereich der Thermodynamik ist zwar inzwischen weit über die Wärmekraftmaschinen hinaus gewachsen. Aber diese bilden immer noch ihr wichtigstes Anwendungsgebiet. Ja! Schrieb doch Stodola: die Vervollkommnung der Energieumwandlung in den Wärmekraftmaschinen ist eine Daseinsfrage der Menschheit.

Im folgenden werden die thermodynamischen Grundlagen der Wärmekraftmaschinen behandelt.

Abschnitt I. Die Verbrennung

Von wenigen Ausnahmen abgesehen, wird die Wärme, aus der in den Wärmekraftmaschinen die erzeugte mechanische Nutzarbeit gewonnen wird, durch die Verbrennung von Brennstoffen gebildet.

§ 1. Die Brennstoffe

Man unterscheidet feste, flüssige und gasförmige Brennstoffe. Als feste Brennstoffe dienen neben den verschiedenen Kohlensorten Koks, Torf, Holz und Naphthalin. Die flüssigen Brennstoffe sind Benzin, Petroleum, Dieselöl, Teeröl, Spiritus, Benzol, sogenannte Flüssiggase wie Propan und Butan und andere. Als gasförmige Brennstoffe werden Leuchtgas, Generatorgas, Luftgas, Wassergas, Gichtgas, Koksofengas, Holzgas, Wasserstoff und Naturgas verwendet.

Die Art der chemischen Verbindungen der Kohle ist noch nicht bekannt. Man kann nur durch eine Elementaranalyse die chemischen Elemente feststellen, aus welchen die brennbaren Bestandteile des Brennstoffes bestehen. Es sind dies Kohlenstoff, Wasserstoff und geringe Mengen von Schwefel. Außerdem sind noch Spuren von Sauerstoff und Stickstoff vorhanden. Auch die

Zusammensetzung flüssiger Brennstoffe kann im allgemeinen nicht angegeben werden. Dagegen lassen sich bei gasförmigen Brennstoffen durch die volumetrische Gasanalyse (Orsatapparat) die Gasbestandteile ermitteln. Die Zahlentafeln 1 und 2 enthalten für einige Brennstoffe die Zusammensetzung. Es ist hierin

c der Kohlenstoffanteil,
h „ Wasserstoffanteil,
o „ Sauerstoffanteil,
n „ Stickstoffanteil,
s „ Schwefelanteil,
w „ Wassergehalt
und a „ Aschengehalt.

Diese sind bei festen und flüssigen Körpern in Gewichtsteilen angegeben. Bei Gasen ist die Zusammensetzung in Raumteilen enthalten.

Zahlentafel 1. Feste und flüssige Brennstoffe

	c	h	o	n	s	w	a	h_0	h_u	L_{min}	V_{ab}	t_v°C
Anthrazit .	0,79	0,045	0,048	0,022	0,01	0,025	0,06	7760	7500	9,00	9,37	2205
Steinkohle	0,73	0,045	0,067	0,033	0,01	0,038	0,077	7160	6900	8,32	8,72	2178
Braunkohle	0,32	0,02	0,10	0,003	0,002	0,485	0,07	2963	2564	3,39	4,26	1726
Koks	0,803	0,01	0,015	0,007	0,01	0,015	0,14	6753	6690	8,23	8,32	2219
Torf	0,46	0,047	0,262	0,030	0,006	0,140	0,055	3993	3655	4,98	5,70	1758
Benzol	0,917	0,078	—	—	0,005	—	—	10100	9650	11,34	11,82	2248
Benzin ...	0,85	0,149	—	—	0,001	—	—	11200	10300	12,80	13,72	2086
Gasöl	0,85	0,130	0,017	—	0,003	—	—	11000	10250	12,18	13,00	2190

Zahlentafel 2. Einfache Brenngase

	H_0	H_u	Gemischheizwert	L_{min}	∇V	t_v °C
Kohlenoxyd	2725	2725	805	2,38	0,5	2408
Wasserstoff	2750	2315	685	2,38	0,5	2265
Methan	8570	7700	731	9,52	0	2063
Azethylen	12580	12150	941	11,90	0,5	2679

Zusammengesetzte Brenngase

	CO	H_2	CH_4	C_nH_m	CO_2	N_2	H_0	H_u	Gemischheizwert	L_{min}	∇V	t_v°C
Leuchtgas	0,18	0,50	0,20	0,025	0,03	0,065	4120	3680	715	4,14	0,52	2254
Kraftgas	0,32	0,11	0,025	—	0,03	0,515	1386	1317	593	1,22	0,22	1836
Luftgas	0,30	0,025	—	—	0,025	0,65	887	875	495	0,77	0,16	1559
Wassergas	0,42	0,49	0,005	—	0,05	0,035	2530	2315	720	2,21	0,46	2257

§ 2. Der Heizwert der Brennstoffe

Die chemische Energie des Brennstoffes wird durch den Verbrennungsvorgang in Wärme verwandelt, die als sogenannte fühlbare Wärme in den Verbrennungsgasen erscheint. Man unterscheidet eine vollkommene und eine unvollkommene Verbrennung. Bei jener verbrennt der Kohlenstoff mit dem Sauerstoff der Verbrennungsluft zu Kohlensäure, der Wasserstoff zu Wasserdampf und der Schwefel zu schwefliger Säure.

Bei der unvollkommenen Verbrennung tritt keine vollkommene Oxydation ein. In den Verbrennungsgasen sind noch brennbare Bestandteile wie Kohlenoxyd, Wasserstoff, Methan und Ruß enthalten. Sie ist entweder durch Luftmangel oder durch eine unvollkommene Mischung des Brennstoffes mit der Verbrennungsluft veranlaßt. Um eine vollkommene Verbrennung zu erzielen, muß man deshalb mit Luftüberschuß arbeiten.

Unter dem Heizwert eines Brennstoffes versteht man die Wärme, die bei vollkommener Verbrennung frei wird, wenn die Verbrennungsgase wieder auf die Temperatur vor der Zündung des Brennstoffes abgekühlt werden. Der Heizwert wird entweder auf die Gewichtseinheit des Brennstoffes h kcal kg^{-1} oder auf die Volumeinheit (Normalkubikmeter, 1 at, 20°C) H kcal Nm^{-3} bezogen. Der Heizwert von festen Brennstoffen wird in der Berthelot-Mahlerschen Bombe, der von gasförmigen Brennstoffen mit dem Junkersschen Kalorimeter gemessen.

Der Heizwert ist etwas verschieden, je nachdem die Verbrennung bei konstantem Volumen oder bei konstantem Druck vorgenommen wird. Dieser Einfluß, ebenso wie der kleine Einfluß der Temperatur, kann bei den meisten technischen Anwendungen, vernachlässigt werden. Sehr wichtig ist dagegen der Unterschied zwischen dem oberen und dem unteren Heizwert. Die Verbrennungsgase enthalten immer Wasserdampf, der teils aus dem Feuchtigkeitsgehalt des Brennstoffes und anderenteils aus seinem Wasserstoffgehalt herrührt. Bei der Abkühlung unter den Taupunkt der Verbrennungsgase kondensiert der größte Teil des Wasserdampfes, so daß bei der Bestimmung des Heizwertes die Kondensationswärme des Wasserdampfes mitgemessen wird. Da man aber bei Feuerungen oder im Motor die Verbrennungsgase nicht soweit abkühlen darf, daß die Feuchtigkeit ausfällt, muß man hier besser mit dem sogenannten unteren Heizwert H_u oder h_u rechnen. Man versteht unter dem unteren Heizwert die bei der Verbrennung freiwerdende Wärme, wenn man den Wasserdampf nach der Abkühlung der Verbrennungsgase auf die Anfangstemperatur sich gasförmig denkt. Den im Kalorimeter gemessenen Heizwert nennt man den oberen Heizwert. Ist w die Wasserdampfmenge, die sich pro Brennstoffeinheit in den Verbrennungsgasen vorfindet, so ist der Unterschied zwischen dem oberen und unteren Heizwert

$$h_0 - h_u = 600\, w \text{ kcal } kg^{-1}.$$

Wie die Zahlentafeln 1 und 2 zeigen, ist dieser Unterschied sehr beträchtlich.

Der Heizwert eines Brennstoffes kann auch berechnet werden, wenn seine Zusammensetzung bekannt ist. Für feste und flüssige Brennstoffe kann dafür näherungsweise die Verbandsformel benutzt werden

$$h_u = 8100\, c + 29000 \left(h - \frac{o}{8}\right) + 2500\, s - 600\, w \text{ kcal kg}^{-1}.$$

Für gasförmige Brennstoffe folgt der Heizwert genau aus der Formel

$$H_u = \sum_{i=1,2,\ldots}^{i=n} r_i (H_u)_i \quad \text{kcal } Nm^{-3},$$

n der r_i der Raumanteil eines brennbaren Gasbestandteiles im Nm^3 des Brenngases und $(H_u)_i$ sein unterer Heizwert ist. Die Summe ist über alle n brennbaren Bestandteile auszudehnen.

§ 3. Die Verbrennungsprodukte

Wie schon oben erwähnt wurde, gibt es für jeden Brennstoff eine minimale Luftmenge $L_{\min}$, die ihm zugeführt werden muß, damit er vollkommen verbrennen kann und alle chemische Energie des Brennstoffes in Wärme umgesetzt wird. Zu ihrer Berechnung muß man von den stöchiometrischen oder statischen Verbrennungsgleichungen ausgehen. So gilt z. B. für die vollkommene Verbrennung von Kohlenstoff die Gleichung

$$C + O_2 = CO_2.$$

Diese Gleichung sagt aus, daß ein Kohlenstoffatom sich mit einem Molekül Sauerstoff zu einem Molekül Kohlensäure vereinigt. Eine weitere Aussage ist: ein Mol Kohlenstoff plus 1 Mol Sauerstoff gibt ein Mol Kohlensäure. Man kann sie daher auch wie folgt lesen: 12 kg Kohlenstoff und 32 kg Sauerstoff liefern 44 kg Kohlensäure. Da 1 Mol im Gaszustand unabhängig von der Art des Gases beim selben Zustand den gleichen Raum einnimmt, folgt aus obiger Gleichung noch die folgende Beziehung: 1 m^3

dampfförmigen Kohlenstoffes und 1 m^3 Sauerstoff gibt 1 m^3 Kohlensäure.

Für Wasserstoff lautet die Verbrennungsgleichung

$$2\,H_2 + O_2 = 2\,H_2O$$

oder

$$\begin{array}{llll} & 2\text{ Moleküle } H_2 & + 1 \text{ Molekül } O_2 & = 2 \text{ Moleküle } H_2O \\ \text{oder} & 2 \text{ Mole } H_2 & + 1 \text{ Mol } O_2 & = 2 \text{ Mole } H_2O \\ \text{oder} & 4 \text{ kg } H_2 & + 32 \text{ kg } O_2 & = 36 \text{ kg } H_2O \\ \text{und} & 2\,m^3\ H_2 & + 1\,m^3\ O_2 & = 2\,m^3\ H_2O. \end{array}$$

Es sind noch die folgenden Verbrennungsgleichungen wichtig:

$$\begin{aligned} 2\,CO + O_2 &= 2\,CO_2\,, \\ CH_4 + 2O_2 &= CO_2 + 2\,H_2O\,, \\ C_2H_4 + 3\,O_2 &= 2\,CO_2 + 2\,H_2O\,, \\ 2\,C_2H_2 + 5\,O_2 &= 4\,CO_2 + 2\,H_2O\,, \\ 2\,C_6H_6 + 15\,O_2 &= 12\,CO_2 + 6\,H_2O\,. \end{aligned}$$

Mit diesen Gleichungen kann nun die zur vollkommenen Verbrennung nötige Luftmenge, die Menge und die Zusammensetzung der Verbrennungsprodukte und die Größe der Volumänderung bei der Verbrennung bestimmt werden.

Aus der bekannten Elementaranalyse eines festen oder flüssigen Brennstoffes ergibt sich die minimale Sauerstoffmenge, die zur vollkommenen Verbrennung von 1 kg des Brennstoffes nötig ist zu

$$S_{\min} = \frac{c}{12} + \frac{h}{4} + \frac{s}{32} - \frac{o}{32} \quad \text{Mole } O_2\,\text{kg}^{-1} \text{ Brennstoffe}$$

oder $S_{\min} = 24{,}8 \left(\frac{c}{12} + \frac{h}{4} + \frac{s}{32} - \frac{o}{32}\right) Nm^3\,\text{kg}^{-1}$.

Daraus ergibt sich die minimale Luftmenge zu

$$L_{\min} = \frac{S_{\min}}{0{,}21}\; Nm^3\,\text{kg}^{-1}.$$

Im praktischen Betrieb muß man aber zur Erzielung einer vollkommenen Verbrennung mehr Luft zuführen. Man setzt

$$L = \lambda L_m$$

und nennt λ die Luftüberschußzahl. Sie liegt meist zwischen 1,1 und 2,0. Ist λ gegeben, so lassen sich die Verbrennungsprodukte berechnen. Es werde dabei zur Abkürzung unter dem chemischen Zeichen eines Stoffes auch die Zahl der m^3 oder Mole desselben verstanden. Aus 1 kg Brennstoff entstehen also folgende Mengen von Abgasen:

$$(CO_2) = \frac{c}{12}\ \text{Mole/kg} = \frac{24{,}8}{12} \cdot c\ Nm^3\ \text{kg}^{-1},$$

$$(H_2O) = \frac{h}{2} + \frac{w}{18}\ \text{Mole/kg} = 24{,}8\left(\frac{2}{h} + \frac{w}{8}\right) Nm^3\ \text{kg}^{-1},$$

$$(SO_2) = \frac{s}{32}\ \text{Mole/kg} = 24{,}8\ \frac{s}{32}\ Nm^3\ \text{kg}^{-1}$$

$$O_2 = 0{,}21\ L - S_{\text{min}}\ Nm^3\ \text{kg}^{-1}$$

$$(N_2) = + 0{,}79\ L\ \frac{n}{28}\ 24{,}8\ Nm^3\ \text{kg}^{-1}.$$

Die Summe dieser Zahlen liefert die Menge der Abgase, die aus 1 kg Brennstoff entstehen. Sie ist als V_{ab} in der Zahlentafel 1 für $\lambda = 1$ enthalten.

Berechnet man die Verbrennungsprodukte in m^3, so erhält man die Raumanteile r der einzelnen Gasbestandteile durch Teilung des Volumens der einzelnen Gase durch das gesamte Abgasvolumen. Man unterscheidet dabei zwischen den nassen und den trockenen Abgasen. Jene enthalten den Wasserdampf, bei diesen ist er ausgeschieden. Jene sind im Arbeitsprozeß vorhanden, diese werden durch die Gasanalyse ermittelt.

In den folgenden Formeln bedeutet das chemische Zeichen eines Gases sowohl dessen chemische Beschaffenheit wie seinen Raumanteil.

Bei Brenngasen ergibt sich die minimale Sauerstoffmenge aus den Verbrennungsgleichungen zu

$$S_{\text{min}} = \frac{H_2}{2} + \frac{CO}{2} + 2\,CH_4 + 3\,C_2H_4 + \frac{5}{2}\,C_2H_2 + \frac{15}{2}\,C_6H_6 - O_2\ Nm^3/1\ m^3\ \text{Gas}$$

und daraus

$$L_{\text{min}} = \frac{S_{\text{min}}}{0{,}21}\ Nm^3/1\ m^3\ \text{Gas}.$$

Ebenso wird die Abgasmenge

$$(CO_2) = CO_2 + CO + CH_4 + 2\,C_2H_4 + 2\,C_2H_2 + 6\,C_6H_6$$
$$(H_2O) = H_2O + H_2 + 2\,CH_4 + 2\,C_2H_4 + C_2H_2 + 3\,C_6H_6$$
$$(O_2) = 0{,}21\ L - S_{\text{min}}$$
$$(N_2) = N_2 + 0{,}79\ L.$$

Betrachtet man das Brennstoff-Luftgemisch und dessen Verbrennungsgase beim gleichen Gaszustand, so tritt meist durch die Verbrennung eine Änderung des Volumens ein. Die Volumkontraktion wird

$$\nabla V = \frac{CO}{2} + \frac{H_2}{2} + \frac{C_2H_4}{2} - \frac{C_6H_6}{2}.$$

Aus 1 m^3 Gas und L m^3 Luft werden demnach $1 + L - \nabla V$ m^3 Verbrennungsgase. In den Zahlentafeln 1 und 2 sind diese verbrennungstechnisch wichtigen Größen zusammengestellt.

Im Motor ist nicht der Heizwert des Brennstoffes, sondern der Heizwert pro 1 m^3 des ausgesaugten Brennstoffluftgemisches maßgebend. Deshalb ist in der Zahlentafel 2 für $\lambda = 1$ dieser sogenannte Gemischheizwert eingetragen. Während jener sehr stark von der Art des Gases abhängt, schwankt dieser viel weniger.

§ 4. Die Verbrennungstemperatur

Von besonderer Bedeutung ist die Temperatur, die bei der Verbrennung eines Brennstoffes auftritt. Unter der theoretischen Verbrennungstemperatur versteht man jene, die sich bei vollkommener Verbrennung ergibt, wenn keine Wärmeabgabe an die Umgebung stattfindet. Man muß dabei unterscheiden, ob die Verbrennung bei konstantem Druck oder bei konstantem Volumen erfolgt. In letzterem Falle erhält man die höchste Verbrennungstemperatur. Ist t_1 die Temperatur vor der Verbrennung, so ergibt sich z. B. für ein Brenngas die folgende Formel 1 für die Berechnung der Verbrennungstemperatur t_v bei konstantem Druck

$$(1) \qquad \frac{t_v}{24{,}8} \Sigma V'' \mid C'' \mid_0^{t_v} = \frac{t_1}{24{,}8} \Sigma V' \mid C_p' \mid^{t_1} + H_u.$$

Hierin ist H_u der untere Heizwert für 1 Nm^3 des Brenngases, V' die Nm^3 der Gasbestandteile des Gasluftgemisches, V'' die der Verbrennungsgase. Beide sind nach den Formeln des § 3 auszurechnen. C_p' und C_p'' sind die Molwärmen der einzelnen Gasbestandteile vor und nach der Verbrennung. Bei den sich ergebenden hohen Werten der Verbrennungstemperatur dürfen die Gasbestandteile nicht mehr als vollkommene Gase betrachtet werden, sondern als halbvollkommene, das sind solche, die zwar die thermische Zustandsgleichung der vollkommenen Gase erfüllen, deren spezifische Wärme aber nach Zahlentafel 3 mit der Temperatur zunimmt.

Zahlentafel 3

Mittlere Molwärme der Gase $\left| C_p \right|_0^t$ kcalMol^{-1} °C^{-1}

t	H_2	N_2	O_2	CO	CO_2	H_2O	Luft
0	6,86	6,96	6,99	6,96	8,61	7,98	6,94
500	6,99	7,15	7,49	7,19	10,75	8,47	7,20
1000	7,12	7,49	7,92	7,57	11,88	9,18	7,56
1500	7,32	7,78	8,20	7,85	12,56	9,84	7,84
2000	7,53	7,98	8,42	8,05	12,99	10,41	8,03
2500	7,74	8,14	8,59	8,21	13,30	10,87	8,18
3000	7,92	8,26	8,76	8,32	13,52	11,23	8,29

In obiger Gleichung sind die Summen über sämtliche Gasbestandteile vor und nach der Verbrennung auszudehnen. Die Gleichung kann nicht explizit nach der Temperatur t_v aufgelöst werden, da die Molwärmen auch t_v enthalten. Man kann sie deshalb nur näherungsweise auflösen. In den Zahlentafeln 1 und 2 sind für die dort angegebenen Brennstoffe die theoretischen Verbrennungstemperaturen für die Verbrennung bei konstantem Druck bei einer Luftüberschußzahl $\lambda = 1$ enthalten. Je höher die Luftüberschußzahl ist, desto kleiner wird die Verbrennungstemperatur, weil dabei immer mehr nicht beteiligte Gase (inerte Gase) erwärmt werden müssen. Für $\lambda = 1$ erreicht die theoretische Verbrennungstemperatur ein Maximum. Die wirkliche Verbrennungstemperatur ist wegen der bei hohen Temperaturen auftretenden Dissoziation der Gase kleiner als jene theoretische. Ihre Berechnung ist leider sehr zeitraubend. Die Abb. 1 zeigt nach Kühl den Einfluß der Dissoziation auf die Verbrennung von Benzin im Ottomotor. Danach tritt die Höchsttemperatur bei Luftmangel auf.

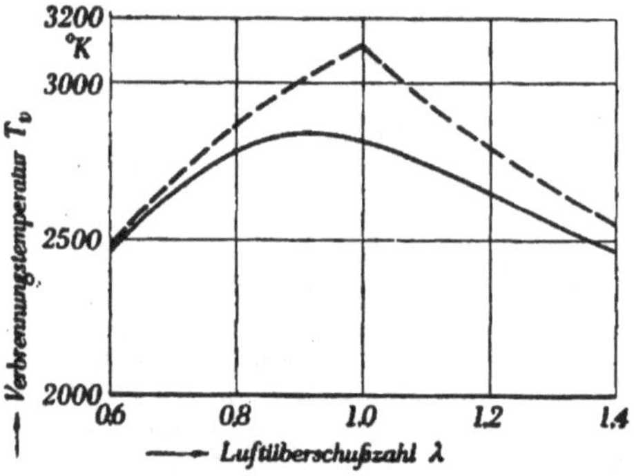

Abb. 1. Verbrennungstemperatur, abhängig vom Luftüberschuß.
---- ohne Dissoziation —— mit Dissoziation

§ 5. Der zeitliche Verlauf der Verbrennung

Obgleich eine langsame Oxydation eines in Luft gelagerten Brennstoffes schon bei Zimmertemperatur erfolgt, so findet eine schnelle Verbrennung unter starker Erwärmung erst nach der Erwärmung des Brennstoffes auf die Selbstentzündungstemperatur (auch Zündpunkt genannt) statt. Wie die Zahlentafel 4 zeigt, ist sie sehr stark von der Art des Brennstoffes abhängig.

Zahlentafel 4

Selbstentzündungstemperatur in Luft in °C

H_2	575	Leuchtgas	560	Steinkohle	260
CO	659	Benzin	509	Braunkohle	213
CH_4	703	Gasöl	343	Holz	300
C_2H_2	392	Benzol	703	Gaskoks	600

Sie ist auch in reinem Sauerstoff kleiner als in Luft. Die Selbstentzündungstemperatur ist keine chemische oder physikalische Konstante, sondern ihr Wert hängt von der Reaktionsgeschwindigkeit, von dem Versuchsgefäß und der Versuchsmethode ab. Aber zur Erklärung von vielen brenntechnischen Vorgängen leistet sie sehr gute Dienste.

Erwärmt man ein Brennstoff-Luftgemisch, z. B. ein Wasserstoff-Luftgemisch, sehr schnell, z. B. durch adiabatische Kompression, so zeigten zuerst Tizard und Pye, daß nach Erreichen oder Überschreiten der Selbstentzündungstemperatur die Verbrennung nicht sofort einsetzt, sondern daß ein Zündverzug sich einstellt. Dieser kann je nach der Ausführung des Versuches mehrere Sekunden dauern. Je höher man das Gemisch über die Selbstentzündungstemperatur erwärmt, um so kürzer ist der Zündverzug (in chemischen Abhandlungen auch Induktionsperiode genannt. Die Abb. 2 zeigt diese Abhängigkeit von der Erhitzungstemperatur. Der Versuch zeigt, daß

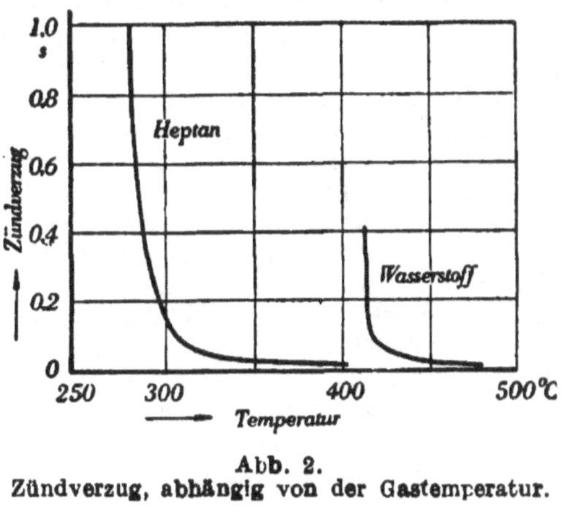

Abb. 2.
Zündverzug, abhängig von der Gastemperatur.

dabei zwischen dem Erreichen der Kompressionsendtemperatur und dem Einsetzen der Zündung sogar eine Temperatursenkung eintreten kann. Die Selbstentzündungstemperatur wird damit die Temperatur, auf welche man ein Gasgemisch zur Zündung erhitzen muß bei einem unendlich großen Zündverzug. Es ist hier die durch die Oxydation erzeugte Wärme gleich dem Wärmeübergang an die Gefäßwände.

Bei der Verbrennung von festen und flüssigen Brennstoffen tritt zu diesem chemischen Zündverzug noch ein thermischer Zündverzug hinzu. Er ist die Zeit, welche der kalte Brennstoff braucht, um beim Eintritt in die Kohlenstaubfeuerung oder in den Dieselmotor sich auf die Selbstentzündungstemperatur zu erwärmen. Dieser wurde von Nußelt zuerst berechnet, jener von Hawkes zuerst gemessen.

a) Die Verbrennung von festen Brennstoffen

Diese kommen entweder großstückig auf dem Rost des Dampfkessels oder feingemahlen als Kohlenstaub bei der Kohlenstaubfeuerung zur Verbrennung. Die Verbrennung von Kohle ist eine Oberflächenverbrennung, d. h. der feste Kohlenstoff verbrennt an der heißen Kohlenoberfläche zu Kohlensäure. Vorher oder gleichzeitig findet eine Entgasung des Brennstoffes statt, d. h. die Entgasungsprodukte, in Form von Kohlenwasserstoffen, verlassen die feste Kohle und dringen gasförmig in die Gashülle des Kohlenstückes ein. Nußelt hat gezeigt, daß die eigentliche Verbrennung ein Diffusionsvorgang ist. Aus dem Kern der an einem Kohlenstück vorbeistreichenden Luft diffundiert der Sauerstoff nach der Kohlenoberfläche. Dort verbrennt er mit dem Kohlenstoff zu Kohlensäure, die nun ihrerseits wieder nach dem Kern des Luftstromes dem Sauerstoff entgegen diffundiert. Der Sauerstoff diffundiert außerdem in den Strom der entgasten Kohlenwasserstoffe und verbrennt dort zu Kohlensäure und Wasserdampf nach Gesetzen, die im Abschnitt b für Brenngas-Luftgemische entwickelt werden. Vor ihrer Verbrennung tritt bei den Kohlenwasserstoffen eine Zersetzung in Kohlenstoff und Wasserstoff ein. Der so in der Flamme entstehende Ruß glüht und verursacht dadurch das Leuchten der Flamme.

Verhältnismäßig einfach läßt sich auf Grund dieser Erkenntnis die Verbrennung von reinem Kohlenstoff, also z. B. Koks, behandeln, bei welchem keine Entgasungsprodukte vorhanden sind. Im Gasstrom zwischen benachbarten Kohlenstückchen bildet sich ein Diffusionsstrom aus. Im Kern des Luftstromes hat der

Sauerstoffgehalt bei Maximum und der Kohlensäuregehalt ein Minimum. An der Oberfläche der Kohle ist kein freier Sauerstoff vorhanden, sondern neben dem Stickstoff nur Kohlensäure. Die Schnelligkeit der Verbrennung des Kokses hängt dann nur von der Geschwindigkeit ab, mit welcher der Luftsauerstoff an die Kohlenoberfläche diffundiert. Der Verbrennungsvorgang der Kohle ist damit auf einen rein physikalischen Vorgang zurückgeführt. Zieht man senkrecht zum Oberflächenelement des Kohlenstückes einen Strahl und bezeichnet man auf ihm ein senkrecht zu ihm stehendes Flächenelement mit df und die laufende Koordinate mit x, ist ferner

O_2 der Raumanteil des Sauerstoffes in den Verbrennungsgasen,

k die Diffusionszahl m^2h^{-1},

z die Zeit

und V das Sauerstoffvolumen, beim Gaszustand gemessen, das in der Zeiteinheit durch das Flächenelement diffundiert, so gilt nach dm Fickschen Diffusionsgesetz

$$d^2V = k\frac{dO_2}{dx}\,df\,dz.$$

Daraus kann man die folgende dynamische Verbrennungsgleichung 2 ableiten

$$V = \beta\cdot F\cdot z\cdot(O_2)_m\ m^3. \tag{2}$$

Hierin ist

$\beta\ mh^{-1}$ die Verbrennungszahl,

$F\ m^2$ die Oberfläche der Kohle,

$(O_2)_m$ der mittlere Sauerstoffgehalt im Gasstrom über die Fläche F.

Mit dieser Gleichung kann man also die Sauerstoffenge berechnen, die in z Stunden auf der Kohlenoberfläche F auftrifft. Nach der im Abschnitt I § 3 S. 8 angegebenen statischen Verbrennungsgleichung braucht 1 Mol oder 12 kg Kohlenstoff zur vollständigen Verbrennung 1 Mol oder 24,8 Nm^3 Sauerstoff. 1 Nm^3 Sauerstoff oder $\frac{T}{p}\cdot\frac{1}{293}\ m^3$ beim Zustand der Verbrennungsgase werden zur vollkommenen Verbrennung von $\frac{12}{24,8} = 0,482$ kg Kohlenstoff verbraucht. Wenn also pro Stunde $V m^3$ Sauerstoff auf 1 m^2 Kohlenoberfläche auftreffen, verbrennen dort

$$0,482\cdot 293\,\frac{p}{T}\,V = 141,6\,\frac{pV}{T}\ \text{kg}$$

Kohle. In der Stunde verbrennen deshalb pro 1 m^2 Kohlenoberfläche

$$K = 141{,}6\,\beta\,\frac{p}{T}\,(O_2)_m \text{ kg } m^{-2}h^{-1}$$

Kohle. Der Heizwert wird, da der chemische Umsatz an der Kohlenoberfläche stattfindet, dort frei. Von da strömt dann die Wärme durch Leitung nach dem Gaskern. Dadurch wird also die Verbrennungsluft erwärmt. Man erkennt also, daß die Kohle heißer ist als die Verbrennungsluft.

Über das Diffusionsfeld lagert sich also ein Temperaturfeld. Für dieses gilt nach S. 36 die Gleichung

$$d^2Q = -\lambda\,\frac{dt}{dx}\,df \cdot dz\,,$$

in der d^2Q die durch die Fläche df strömende Wärme ist und λ die Wärmeleitzahl der Verbrennungsgase. Ferner gilt nach S. 30 für den Wärmeaustausch zwischen der Kohlenoberfläche und dem Gasstrom die Newtonsche Gleichung

$$dQ = \alpha\,F\,(t_e - t_m)\,z\,.$$

Hierin ist α die Wärmeübergangszahl, s. S. 30, t_e die Temperatur der Kohlenoberfläche und t_m die mittlere Temperatur im Gasstrom. Aus der Ähnlichkeit der Gesetze der Diffusion und der Wärmeleitung folgt, daß die Verbrennungszahl β aus der Wärmeübergangszahl α im Kohlenbett berechnet werden kann. Letztere kann gleich der in einer Kugelschüttung gesetzt werden, siehe S. 42. Die Ähnlichkeitsbetrachtung ergibt die wichtige Beziehung Gl. 3

$$\frac{\alpha}{\beta} = \sqrt{\frac{\lambda\gamma\,cp}{k}}\,. \tag{3}$$

Damit kann dann die Gesetzmäßigkeit der Verbrennung und ihre Größe berechnet werden. Es zeigt sich z. B., daß sie proportional der Gasgeschwindigkeit zunimmt. Mit obiger Gleichung kann man dann den zeitlichen Verlauf der Verbrennung der Kohle am Rost, z. B. die Abnahme der Schichthöhe längs der Bahn eines Wanderrostes oder die Dauer der Verbrennung eines Kohlenkorns bei einer Kohlenstaubfeuerung, berechnen.

b) Die Verbrennungsgeschwindigkeit von Brenngas-Luftgemischen

Brenngas-Luftgemische können auf verschiedenen Wegen zur Verbrennung gebracht werden. Es kann dies einmal dadurch erreicht werden, daß man das gesamte Gemisch durch Wärmezufuhr auf die Selbstentzündungstemperatur erhitzt. Dasselbe kann man auch durch adiabatische Kompression des Gemisches erreichen. In einem dritten Fall bringt man eine Stelle des Gemisches durch einen heißen Körper zur Zündung. Oder man erreicht dies 4. durch einen elektrischen Zündfunken. Im ersten Fall zünden und verbrennen alle Gasteilchen gleich schnell. Im 3. und 4. Fall breitet sich die Zündung in Form einer Brennfläche durch das Gasgemisch hindurch fort, die dann das Gas jeweils in einen verbrannten Teil und einen unverbrannten trennt. Die Geschwindigkeit, mit der sich diese Fläche durch den Raum ausbreitet, nennt man die Zündgeschwindigkeit des betreffenden Gas-Luftgemisches.

Die Zündung und Verbrennung durch Kompressionswärme ist theoretisch einfach zu übersehen. Nach dem Überschreiten der Selbstentzündungstemperatur setzt ein lebhafter chemischer Umsatz ein. Für die wichtigsten Brenngase, Wasserstoff und Kohlenoxyd, dachte man sich früher den Umsatz gemäß der auf S. 9 angegebenen statischen Verbrennungsgleichungen

$$2\,H_2 + O_2 = 2\,H_2O$$

und

$$2\,CO + O_2 = 2\,CO_2\,.$$

Einmal weiß man aber jetzt, daß beide Reaktionen in beiden Richtungen gleichzeitig verlaufen, daß sich also gleichzeitig Wasserdampf bildet und wieder zerfällt. Außerdem hat man durch spektroskopische Untersuchung der Verbrennung in Flammen und im Motor gefunden, daß z. B. das Radikal OH auftritt. Dies macht es sehr wahrscheinlich, daß sich bei der Wasserstoffverbrennung zuerst dieses Zwischenprodukt bildet. Man stellt sich die Verbrennung von Gasen heute in Form von sogenannten Kettenreaktionen vor. Man neigt dazu, daß sich zunächst atomarer Wasserstoff bildet, der dann erst über das Hydroxyl zu Wasserdampf führt. Man kann etwa an das folgende Reaktionsschema denken:

$$H_2 = 2\,H$$
$$H + O_2 = OH + O$$
$$O + H_2 = OH + H$$
$$OH + H = H_2O$$

Daraus folgt, daß die Verbrennung eines so einfachen Gases, wie es der Wasserstoff ist, sehr verwickelt ist. Sie läßt sich deshalb vorerst noch nicht genauer verfolgen. Bei der Verbrennung von Kohlenwasserstoffen gehen diesen Kettenreaktionen noch die Zersetzung in einfachere Kohlenwasserstoffe und die Aufspaltung in Ruß und Wasserstoff voraus. Für viele technische Anwendungen genügt es aber, wenn man den zuerst genannten einfachen

Reaktionsverlauf beibehält. Man versteht dann unter der Reaktionsgeschwindigkeit, die im m^3 in der Zeiteinheit gebildeten Wasserdampf- bzw. Kohlensäure-Mole. Betrachtet man jetzt als Beispiel die Verbrennung von Wasserstoff-Luftgemischen. Hierfür ist dann die Reaktionsgeschwindigkeit

$$w = \frac{d[H_2O]}{dz} \text{ Mole } m^{-3} s^{-1}.$$

$[H_2O]$ nennt man die Wasserdampfkonzentration oder molare Konzentration. Sie ist die in 1 m^3 enthaltene Anzahl Mole Wasserdampf. Nach dem Grundgesetz der chemischen Dynamik (chemisches Massenwirkungsgesetz) gilt hierfür die Gleichung 4

$$\frac{d[H_2O]}{dz} = k[H_2]^2 \cdot [O_2], \tag{4}$$

d. h. der in der Zeiteinheit gebildete Wasserdampf ist proportional dem Quadrat der Wasserdampfkonzentration und der 1. Potenz der Sauerstoffkonzentration.

Für den Beiwert gilt

$$k = A\, e^{-\frac{E}{1{,}986 \cdot T}}.$$

Hierin ist A eine Konstante und E die sogenannte Aktivierungsenergie. Sie schwankt zwischen 10000 und 30000 kcal Mol^{-1}.

Bei der Zündung eines Gas-Luftgemisches durch Berührung mit einer heißen Wand, muß wegen des Zündverzuges, die Temperatur dieser Wand wesentlich über der Selbstentzündungstemperatur liegen. Es superponieren sich hier der thermische und der chemische Zündverzug.

Unabhängig von der Größe des Brenngasgehaltes kann durch äußere Wärmezufuhr oder durch Kompressionswärme jedes Brenngasgemisch zur Zündung und Verbrennung gebracht werden.

Die normale Zündung erfolgt bei einem Ottomotor durch einen Zündfunken. Von diesem breitet sich dann die Verbrennung durch eine Zündfläche, die mit der Zündgeschwindigkeit den ganzen Verbrennungsraum durcheilt, aus. Zur Zündung gehört eine gewisse Mindestenergie des Zündfunkens. Seine Wirkung auf das Gas-Luftgemisch besteht darin, daß er die an der Funkenstrecke gelagerte Gasladung auf eine Temperatur erwärmt, die über der Selbstentzündungstemperatur liegt. Ob außer der Wärmewirkung des Stromes auch noch elektrische Ursachen bei der Funkenzündung mitwirken, ist noch nicht geklärt. Ob, wie Pye meint, auch bei der Funkenzündung ein Zündverzug eintritt, ist zweifelhaft. Versuche, die ich darüber anstellen ließ, führten noch zu keinem eindeutigen Ergebnis.

Die Zündgeschwindigkeit von Brenngas-Luftgemischen läßt sich am einfachsten mittels eines Bunsenbrenners messen. Wenn die Strömungsgeschwindigkeit im Brennerrohr im Idealfalle gleich der Zündgeschwindigkeit ist, stellt sich im Rohr eine ebene Brennfläche ein. Ist aber jene Geschwindigkeit größer als die Zündgeschwindigkeit, so bildet sich am Rohrende eine kegelförmige Brennfläche aus. Aus dem Brennerdurchmesser, der Höhe des Brennkegels und der Gasgeschwindigkeit im Brennerrohr läßt sich dann die Zündgeschwindigkeit ermitteln. Bei Zimmertemperatur, Atmosphärendruck und laminarer Strömung im Rohr hat sie die Größenordnung von 1 ms^{-1}.

Die wichtigste Eigenschaft der Zündgeschwindigkeit ist die, daß durch einen Zündfunken nicht jedes Gas-Luftgemisch zur Verbrennung gebracht werden kann. Ändert man bei obigem Brennversuch das Mischungsverhältnis von Gas und Luft, also die Luftüberschußzahl, so ändert sich auch die Zündgeschwindigkeit. Die Abb. 3 zeigt für Wasserstoff und Kohlenoxyd die Ab-

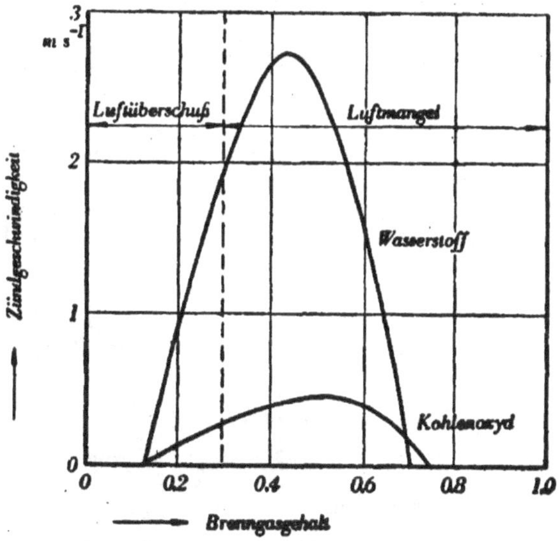

Abb. 3. Abhängigkeit der Zündgeschwindigkeit vom Brenngasgehalt.

hängigkeit der Zündgeschwindigkeit vom Brenngasgehalt. Man erkennt aus ihr ein Maximum bei Luftmangel und nach beiden Seiten ein starkes Abfallen der Zündgeschwindigkeit. Die Kurve erreicht dabei den Wert Null bei den sogenannten Zündgrenzen. Für jedes Brenngas-Luftgemisch gibt es eine untere und eine obere Zündgrenze. Nur bei Mischungsverhältnissen, die zwischen den beiden Zündgrenzen liegen, ist die Ausbildung einer Brennfläche und damit die Funkenzündung möglich. Ist der Gasgehalt kleiner als an der unteren Zündgrenze oder größer als an der oberen Zündgrenze, so kann das Brenngas-Luftgemisch durch einen elektrischen Funken nicht gezündet werden. Die Zahlentafel 5 zeigt die Zündgrenzen der wichtigsten Brenngase.

Zahlentafel 5
Zündgrenzen in *R. T.*

Gas	untere Z.-G.	oberer Z.-G.	Zündbereich
H_2	0,070	0,70	0,63
CO	0,145	0,75	0,605
CH_4	0,058	0,14	0,082
C_2H_2	0,025	0,64	0,615
Benzin	0,019	0,045	0,026
Benzol	0,020	0,067	0,047

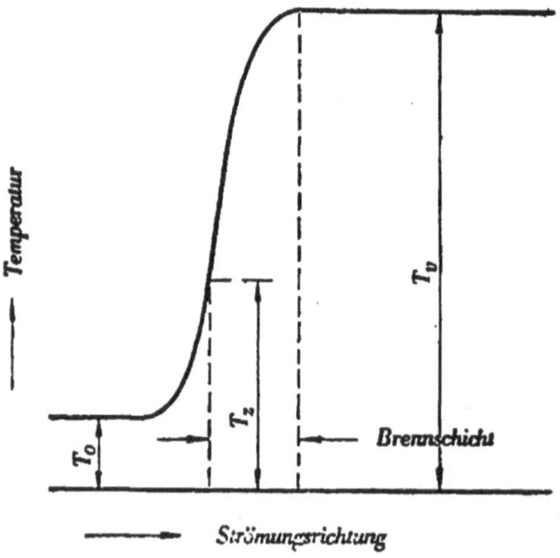

Abb. 4.
Temperaturverlauf, normal zur Brennfläche.

Eine Erklärung für die Zündgrenzen ergibt die von Nußelt aufgestellte Theorie der Zündgeschwindigkeit. In der Abb. 4 ist längs einer Normalen zur Brennfläche der örtliche Temperaturverlauf des Gasgemisches eingezeichnet. Die Theorie betrachtet die Entstehung der Zündgeschwindigkeit als einen Vorgang, der durch die Wärmeleitung und das chemische Massenwirkungsgesetz eindeutig bestimmt ist. Sie nimmt an, daß das in die

Brennfläche einströmende Brennstoff-Luftgemisch durch Wärmeleitung von der heißen Brennfläche her auf die Selbstentzündungstemperatur erwärmt wird. Beim Durchströmen der Brennfläche setzt dann die Verbrennung und damit die Wärmeentwicklung ein. Sobald die Verbrennungstemperatur erreicht ist, strömen die Verbrennungsgase aus der Brennfläche aus. Diese ist also keine geometrische Fläche, sondern sie besitzt eine endliche Stärke von etwa 0,1 mm. Im Bereich des Luftüberschusses ergibt sich so für ein einfaches Brenngas, z. B. Wasserstoff, die folgende Formel Gl. 5 für die Zündgeschwindigkeit

$$w = C_1 \sqrt{\frac{\lambda p_0 T_0^2 (T_v - T_z) H_2 \cdot O_2}{R^2 C_p (T_z - T_0)}} . \tag{5}$$

Hierin ist:

λ die Wärmeleitzahl,
p_0 der Druck,
T_0 die abs. Temperatur des kalten Gases,
T_z die Selbstentzündungstemperatur,
T_v die Verbrennungstemperatur,
H_2 der Brenngasgehalt des Frischgases,
O_2 der Sauerstoffgehalt des Frischgases,
C_p die spez. Wärme pro 1 Nm^3
und C_1 ein Beiwert, abhängig von der Art des Brenngases.

Da bei der Aufstellung der Formel die Gesetze des Zündverzuges und der Kettenreaktionen noch nicht bekannt waren und außerdem bei der Rechnung weitgehende mathematische Vereinfachungen vorgenommen wurden, kann die Formel nur näherungsweise Gültigkeit beanspruchen. Sie gibt aber trotzdem die wichtigsten Eigenschaften der Zündgeschwindigkeit überraschend gut wieder. Im Zähler der Wurzel steht die Differenz zwischen der Verbrennungstemperatur und der Selbstentzündungstemperatur. Daraus folgt, daß es nur eine Zündgeschwindigkeit und damit eine Funkenzündung geben kann, wenn die Verbrennungstemperatur größer ist als die Selbstentzündungstemperatur. Die Zündgrenzen sind deshalb durch jene Luftüberschußzahl bestimmt, für welche die Selbstentzündungstemperatur gleich der Verbrennungstemperatur ist. Wenn man deshalb, wie in der Abb. 5, über der Luftüberschußzahl die Verbrennungstemperatur aufträgt, so schneidet die Gerade für die Selbstentzündungstemperatur daraus die Zündgrenzen ab.

Die Formel gibt ferner in Übereinstimmung mit den Versuchen das Maximum der Zündgeschwindigkeit bei Luftmangel.

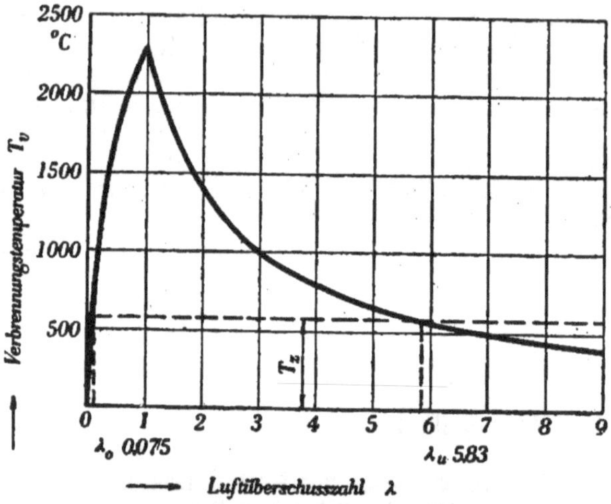

Abb. 5. Bestimmung der Zündgrenzen.

Bei einer Vorwärmung des Gemisches erhöht sich in Abb. 5 die Kurve der Verbrennungstemperatur und damit erweitert sich dann der Zündbereich. Außerdem nimmt mit steigender Vorwärmung die Zündgeschwindigkeit zu.

Nach der Formel nimmt die Zündgeschwindigkeit mit der Wurzel aus dem Gasdruck zu. Diese Gesetzmäßigkeit stimmt schlecht mit den Versuchen überein, da nach diesen meist von einem bestimmten Druck an die Zündgeschwindigkeit mit steigendem Druck wieder abnimmt. Sie besitzt also bei einem Druck ein Maximum.

Die in Abb. 2 dargestellte Gesetzmäßigkeit des Zündverzuges läßt sich leicht in obiger Formel für die Zündgeschwindigkeit einführen. Statt der Selbstentzündungstemperatur T_z ist in diese eine höhere Temperatur T_a einzuführen, die aus der Abb. 6 zu entnehmen ist. Wie in Abb. 4 ist auch die Temperatur des Brenngas-Luftgemisches über einer Normalen (x) zur Brennfläche aufgetragen. Dabei ist die Kurve der Gemischvorwärmung über die Selbstentzündungstemperatur T_z verlängert und von jeder höheren Temperatur in Richtung der Gasströmung, also nach rechts, der Weg $w \cdot z_v$ aufgetragen, den ein Gasteilchen während des Zündverzuges zurücklegt. Bei A, an welcher Stelle diese Kurve ein vertikale Tangente besitzt, setzt die Zündung ein, und die an dieser Stelle herrschende Gastemperatur T_a ist für T_z in die Formel einzusetzen.

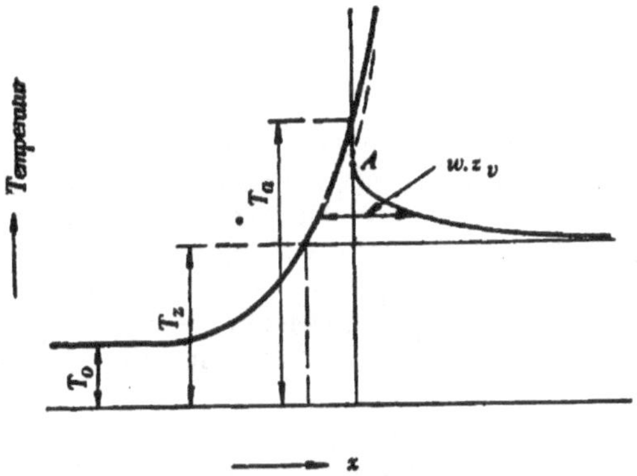

Abb. 6. Bestimmung der Zündtemperatur T_a.

Bei der Verbrennung in geschlossenen Räumen, z. B. im Zylinder eines Motors, lagert sich die Zündgeschwindigkeit über eine Verdrängungsgeschwindigkeit, wie zuerst Nägel erkannt hat. Durch die Ausdehnung der Verbrennungsgase werden die noch unverbrannten Gasteile wie die schon verbrannten komprimiert. Vor ihrer Verbrennung erhalten also die noch nicht verbrannten Gasteilchen eine Bewegung gegen die Zylinderwand. Die Geschwindigkeit im Motor setzt sich also zusammen aus dieser Verdrängungsgeschwindigkeit und der Zündgeschwindigkeit. Dazu kommt noch die Geschwindigkeit, welche die Gasladung durch die Einströmgeschwindigkeit durch das Einlaßventil und durch die Kolbenbewegung erhält. Nach Versuchen von Ulsamer ist sie ein Vielfaches der Kolbengeschwindigkeit. Diese Gasströmung im Zylinder ist eine turbulente Strömung, die nach Versuchen von Unger, siehe Abb. 7, die Zündgeschwindigkeit ganz bedeutend erhöht. Er ließ das Brenngas-Luftgemisch durch ein Rohr strömen und bestimmte die Zündgeschwindigkeit relativ zum unverbrannten Gas.

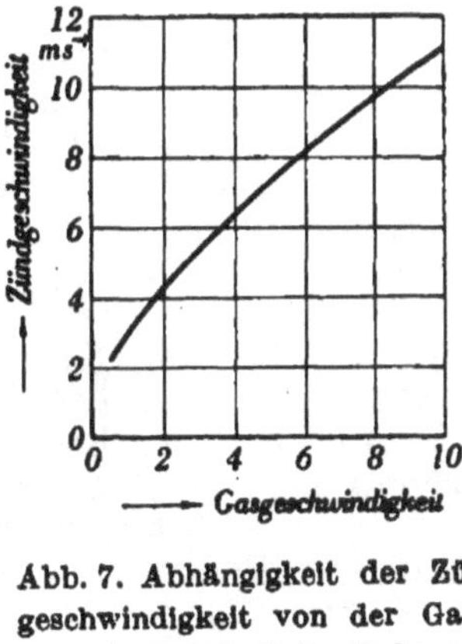

Abb. 7. Abhängigkeit der Zündgeschwindigkeit von der Gasgeschwindigkeit im Rohr.

Bei der Fortpflanzung der Verbrennung in einem langen geschlossenen Rohr zeigt sich noch eine merkwürdige Erscheinung. Nach der Zündung an einem Ende pflanzt sich die Verbrennung mit der oben gekennzeichneten Zündgeschwindigkeit von rund 1 ms^{-1} fort, um nach kurzer Zeit mit einer Geschwindigkeit von mehreren tausend ms^{-1} das übrige Rohr unter sehr starker Drucksteigerung zu durcheilen. Man nennt diese Verbrennung die Explosionswelle oder Detonation. Sie wurde zuerst von Mallard und Le Chatelier eingehend untersucht und von Jouguet als Fortpflanzung eines Riemannschen Verdichtungsstoßes gedeutet. Ob sie in geschlossenen Gefäßen, z. B. im Zylinder eines Motors, auftritt, ist noch nicht endgültig geklärt.

c) Die Verbrennung flüssiger Brennstoffe

Bei Ölmotoren wird der flüssige Brennstoff in flüssigem Zustand durch eine Düse in den Zylinder eingespritzt. Beim klassischen Dieselverfahren wird dabei das Öl mittels Druckluft eingeblasen, beim kompressorlosen Verfahren durch einige Düsen, mit Geschwindigkeiten von einigen hundert ms^{-1}. Diese oder ähnliche Verfahren haben den Zweck, den Brennstoffstrahl in feine Tröpfchen von 0,01 bis 0,001 mm Durchmesser aufzuteilen, damit der Brennstoff die zur Wärmeaufnahme und Verdampfung nötige Oberfläche erhält. Zu dem thermischen und chemischen Zündverzug tritt hier noch der mechanische Zündverzug hinzu, durch die Zeit gekennzeichnet, die vom Moment des Einspritzens durch das Einlaßventil bis zum Ende der mechanischen Zerstäubung verstreicht.

Neben der Selbstentzündungstemperatur ist bei flüssigen Brennstoffen der Zündverzug für die motorische Verbrennung die wichtigste Kenngröße. Es gibt drei Verfahren, um ihn zu messen. Die nächstliegende und zuerst verwendete Methode ist die, welche mit dem Indikator die Zeit mißt, welche verstreicht zwischen dem Beginn des Einspritzens und der durch die beginnende Verbrennung einsetzenden Drucksteigerung. Da diese Drucksteigerung sich aber erst bemerkbar macht, wenn merkliche Mengen des Brennstoffes schon verbrannt sind, wird mit diesem Verfahren ein zu großer Zündverzug gemessen. Das Auftreten der Flamme an einer Stelle im Zylinder wurde zuerst von Breves gemessen mit einem Verfahren, das zuerst von F. Müller zur Bestimmung der Zündgeschwindigkeit im Ottomotor verwendet worden war. Er benutzt die ionisierende Wirkung einer Flamme. An der Stelle im Motor, an der das Einsetzen der Flamme gemessen werden soll, werden die Elektroden einer Funkenstrecke angebracht, in deren Stromkreis eine Batterie und ein Galvanometer (Braunsche Röhre) geschaltet werden. Beim Eintreffen der Flamme wird die Funkenstrecke leitend und es fließt ein Strom. Ein drittes Verfahren mißt mit einer Photozelle das Einsetzen des Aufleuchtens des Brennstoffes. Man muß bei diesem Verfahren in der Zylinderwand ein Fenster anbringen.

Herele hat an einem Dieselmotor nach diesen 3 Verfahren den Zündverzug gemessen und beim selben Betriebszustand die folgenden Werte gemessen:

	Zündverzug
aus dem Druckanstieg	$1{,}75 \cdot 10^{-3}$s
aus der Ionisation.............	$1{,}45 \cdot 10^{-3}$s
aus der Strahlung	$1{,}45 \cdot 10^{-3}$s.

Die Abb. 8 zeigt nach Versuchen von Lindner die Abhängigkeit des Zündverzuges für Dieselöl von Druck und Temperatur.

Man neigte früher der Ansicht zu, daß, wie an der Oberfläche der festen Kohle, auch an der Oberfläche des flüssigen Brennstoffes die Verbrennung einsetzt. Heute ist man der Ansicht, daß der Zündung eine Verdampfung des flüssigen Brennstoffes, eine pyrogene Zersetzung und eine stille Verbrennung vorausgeht.

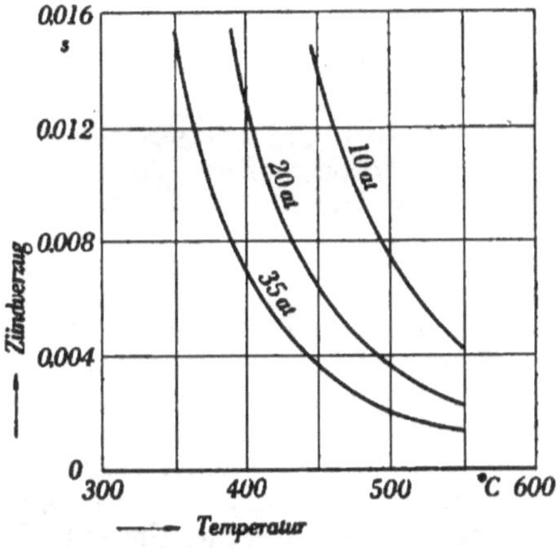

Abb. 8. Abhängigkeit des Zündverzuges von Lufttemperatur und Luftdruck.

§ 6. Die Entropiezunahme bei der Verbrennung

Vom thermodynamischen Standpunkt aus stellt eine Verbrennung durch eine Flamme eine nicht umkehrbare Zustandsänderung dar, die mit beträchtlicher Entropiezunahme verknüpft ist. Da bei einer solchen Zustandsänderung eine Veränderung der chemischen Beschaffenheit erfolgt, ist zur Berechnung der Entropiezunahme die Kenntnis des absoluten Wertes der Entropie nötig. Die Definitionsgleichung der Entropie liefert den Wert nur bis auf eine willkürliche Konstante. Der Absolutwert kann aber leicht berechnet werden auf Grund des von Nernst aufgestellten III. Hauptsatzes der Wärmelehre, der in der Fassung von Planck wie folgt lautet:

Am absoluten Nullpunkt ist die Entropie eines festen oder flüssigen, homogenen Körpers Null. Diese Aussage gestattet, die bisher unbestimmte Integration der Differentialgleichung der Entropie in eine bestimmte umzuwandeln. Es wird damit

$$s = \int_0^T \frac{c}{T}\, dT .$$

Diese Gleichung s erfordert, daß die spez. Wärme eines festen oder flüssigen Körpers nicht konstant sein kann, sondern mit abnehmender Temperatur bis auf Null abnehmen muß, eine Folgerung, die durch Versuche bestätigt wurde.

Die Zahlentafel 6 enthält die so berechneten Werte der absoluten Entropie einiger fester und flüssiger Körper.

Zahlentafel 6

Absolute Entropie bei 20° C Clausius kg^{-1}

Diamant	0,047	Kupfer	0,122
Graphit	0,112	Wasser	1,058
Eisen	0,115	Benzol	0,545

Durch Wärmezufuhr kann der feste und flüssige Körper in den Dampfzustand übergeführt werden. Damit ist dann auch die absolute Entropie des trockengesättigten, des überhitzten Dampfes und des Gaszustandes ermittelt.

Die absolute Entropie der vollkommenen Gase ist am absoluten Nullpunkt nicht Null, sondern endlich. Ihr Absolutwert kann auch mit der statistischen Methode der kinetischen Gastheorie ermittelt werden. Die Zahlentafel 7 enthält für einige halbvollkommene Gase die absolute Entropie im technischen Normalzustand.

Zahlentafel 7

Absolute Entropie für 1 Mol eines halbvollkommenen Gases bei 1 at und 20° C Clausius Mol^{-1}

H_2	33,86	H_2O	47,66
N_2	50,05	CO_2	50,95
O_2	48,93	Luft	50,81

Aus den bei der Verbrennung berechneten Temperatur- und Druckänderungen kann mit den Werten der Tabelle 7 leicht die Entropiezunahme bei der Verbrennung ermittelt werden.

§ 7. Die maximale Arbeit der Brennstoffe

Bei der Betrachtung der Arbeitserzeugung durch Verbrennung von Brennstoffen in Wärmekraftmaschinen erhebt sich sofort die Frage nach der maximalen Arbeit, die man aus der Mengeneinheit des Brennstoffes gewinnen kann. Sie kann mit einer Formel berechnet werden, die zuerst von Gouy bzw. Stodola aufgestellt worden ist. Aber erst durch die Aufstellung des III. Hauptsatzes hat sie ihre restlose zahlenmäßige Auswirkung erreicht. Man betrachtet dazu eine Maschine, der durch Leitungen eine gewisse Brennstoffmenge und die zu ihrer Verbrennung erforderliche Luftmenge zuströmt. Die Energie dieser Ströme betrage E_1 kcal. Die Verbrennungsgase verlassen die Maschine mit der Energie E_2. Gleichzeitig wird durch die Welle der Maschine die Arbeit L_t abgegeben und gleichzeitig zwischen Maschine und Umgebung von der Temperatur T_0 die Wärme Q_0 ausgetauscht.

Dann gilt auf Grund des I. Hauptsatzes

$$AL_t = E_1 - E_2 - Q_0 .$$

Ist S_1 die Entropie der zuströmenden Stoffe in absoluter Zählung, S_2 die Entropie der abziehenden Verbrennungsgase, Π die Entropiezunahme durch nicht umkehrbare Prozesse, so gilt nach dem II. Hauptsatz

$$S_2 + \frac{Q_0}{T_0} - S_1 = \Pi .$$

Eliminiert man aus beiden Gleichungen die Wärme Q_0, so erhält man die technische Arbeit zu

$$AL_t = (E_1 - E_2) + (S_2 - S_1)T_0 - \Pi T_0 . \tag{6}$$

Diese Gouy-Stodolasche Gleichung zeigt zunächst, daß durch nichtumkehrbare Prozesse ein Arbeitsverlust im Betrag

$$\Delta AL = \Pi \cdot T_0$$

entsteht. Er ist also gleich der nichtumkehrbaren Entropiezunahme mal der absoluten Temperatur der Umgebung.

Verlaufen alle Zustandsänderungen in der Maschine umkehrbar, so wird die gewonnene Arbeit

$$AL_t = (E_1 - E_2) + (S_2 - S_1) \cdot T_0 .$$

Es kommt also in einer Wärmekraftmaschine nicht darauf an, dem Energieträger möglichst viel Energie zu entziehen, sondern es muß auch der 2. Summand möglichst groß werden. Bei vollkommener Verbrennung bestehen die Abgase aus Kohlensäure, Wasserdampf, Sauerstoff und Stickstoff. E_2 ist dann gleich dem Wärmeinhalt der Abgase. Die Entropie kann auch leicht berechnet werden. Eine einfache Maximumsrechnung zeigt, daß L_t dann ein Maximum wird, wenn die Abgase mit Druck und Temperatur der Umgebung die Maschine verlassen. Damit ist auch der Zustand 2 der Abgase hinter der Maschine bestimmt.

Bei der Bestimmung des Heizwertes des Brennstoffes, z. B. mit dem Junkersschen Kalorimeter, wird weiter

$$E_1 - E_2 = H_0\,,$$

gleich dem oberen Heizwert des Brennstoffes. Damit wird die maximale Arbeit, die sich im günstigsten Fall aus dem Brennstoff in einer Wärmekraftmaschine gewinnen läßt,

$$(AL_t)_{\max} = H_0 + (S_2 - S_1) \cdot T_0\,. \tag{7}$$

Mit den im vorigen Abschnitt ermittelten Werten der absoluten Entropie kann die maximale Arbeit berechnet werden. Die Zahlentafel 8 enthält für eine Reihe von Brennstoffen diese maximale Arbeit, die aus deren Mengeneinheit gewonnen werden kann.

Zahlentafel 8

Heizwert und maximale Arbeit für $\lambda = 1$

	H_u	$(AL_t)_{\max}$
reiner Kohlenstoff	7855	8054
Gasöl	10000	10721
Leuchtgas	4595	4580
Luftgas	1036	943
Wassergas	2220	2010

Die Zahlentafel 8 zeigt, daß z. B. aus Kohle mehr Arbeit gewonnen werden kann als dem Heizwert entspricht. Dieser Mehrbetrag rührt von Wärme her, die aus der Umgebung zugeführt und zusätzlich in mechanische Arbeit verwandelt wird, wie dies z. B. bei der isothermen Expansion von Gasen geschieht. Bei Brenngasen kann dagegen nur ein Teil des Heizwertes in Arbeit verwandelt werden. Da in den besten Dieselmaschinen nur 42% des Heizwertes des Gasöles in effektive Arbeit verwandelt wird, so zeigt demgegenüber die Zahlentafel 8, daß grundsätzlich noch weitere Verbesserungen möglich sind.

Abschnitt II.

Die Elemente der Gesetze der Wärmeübertragung

Bei Wärmekraftmaschinen spielen Wärmeaustauschvorgänge eine große Rolle. Sie sind mitbestimmend bei der Größe der Apparate und Maschinen und haben erheblichen Einfluß auf die Zustandsänderungen. Bei Dampfkraftanlagen tritt Wärmeaustausch im Dampfkessel einmal in der Brennstoffschicht auf dem Rost zwischen der Kohle und den Verbrennungsgasen, dann zwischen diesen und dem verdampfenden Wasser im Verdampfer durch die Kesselheizfläche hindurch ein; ebenso im Ekonomiser, im Überhitzer, im Luftvorwärmer und endlich im Schornstein. In der Dampffernleitung zur Maschine tritt ein Wärmeaustausch mit der äußeren Atmosphäre ein. Im Arbeitszylinder tauscht der Dampf Wärme mit den kalten Zylinderwandungen aus. Ferner beherrscht im Kondensator und im Rückkühlwerk der Wärmeübergang den Arbeitsprozeß. Es werden deshalb im folgenden die Gesetze des Wärmeaustausches besprochen.

§ 1. Die Pécletsche Formel

Die Grundformel und wichtigste Gleichung ist die Pécletsche Gleichung, welche den Wärmeaustausch zwischen Flüssigkeiten und Gasen durch eine feste Heizfläche hindurch regelt. Sie wird besonders einfach, wenn diese eben ist, wie z. B. beim Kesselblech. Die Abb. 9 zeigt hiefür den Temperaturverlauf auf einer Normalen zur Heizfläche. In der Heizfläche stellt sich ein linearer Temperaturverlauf ein. Zu beiden Seiten der Heizfläche tritt dann in den wärmeaustauschenden Flüssigkeiten in einer dünnen Grenzschicht eine starke Temperaturänderung auf. An der Oberfläche der Heizfläche ist dabei kein Temperatursprung vorhanden. Ist

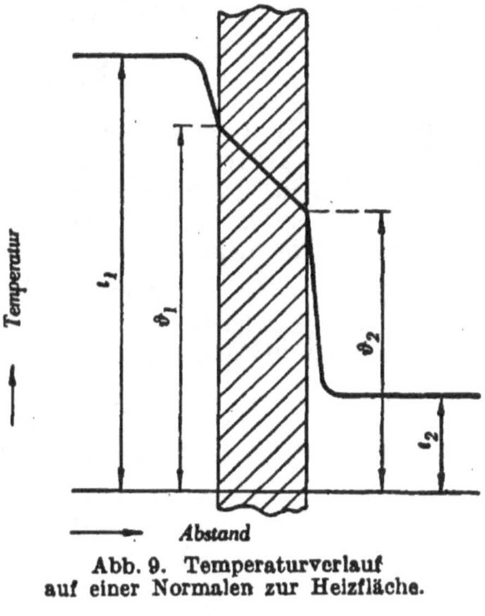

Abb. 9. Temperaturverlauf auf einer Normalen zur Heizfläche.

t_1 die mittlere Temperatur der heißen Flüssigkeit über der Heizfläche, ϑ_1 die Oberflächentemperatur auf der zugehörigen Seite der Heizfläche und sind t_2 und ϑ_2 die entsprechenden Temperaturen auf der andern Seite, so gelten im Beharrungszustand, d. h. wenn an allen Stellen die Temperatur zeitlich konstant bleibt, für den Wärmeaustausch die folgenden Gleichungen. Für den Wärmeübergang vom Gas an die kältere Wand und von der Wand an die zu erwärmende Flüssigkeit gilt das Newtonsche Gesetz für die übergehende Wärme Q gemäß Gl. 8

$$(8)\qquad Q = \alpha_1 \mathrm{F}(t_1 - \vartheta_1)z \quad \text{und} \quad Q = \alpha_2 \mathrm{F}(\vartheta_2 - t_2)z\,.$$

F ist hierin die Größe der Heizfläche und z die Zeit. Die auftretenden Beiwerte α_1 und α_2 nennt man die Wärmeübergangszahlen. Aus diesem Gesetz folgt, daß die Wärmeübergangszahl die Wärme ist, die in 1 h durch einen m^2 der Heizfläche übergeht, wenn der Temperaturunterschied zwischen Gas bzw. Flüssigkeit und der Wandoberfläche 1° C beträgt. Ihre Dimension ist

$$[\alpha] = \mathrm{kcal}\, m^{-2} h^{-1}\, {}^0C^{-1}\,.$$

Sie ist aber keine konstante Größe, sondern, wie weiter unten gezeigt wird, eine sehr veränderliche und verwickelt zusammengesetzte Größe. Sie schwankt etwa zwischen 3 und 30000. Für den Wärmefluß durch die Heizfläche selbst gilt nach dem Fourierschen Gesetz der Wärmeleitung die Beziehung Gl. 9

$$(9)\qquad Q = \frac{\lambda}{d} \mathrm{F}(\vartheta_1 - \vartheta_2)z\,,$$

in der d die Stärke der Platte ist. Der Beiwert λ dieser Gleichung ist die Wärmeleitzahl, jene Wärme, die in 1 h durch einen Würfel von 1 m Kantenlänge hindurchfließt, wenn zwei gegenüberliegende Seiten eine Temperaturdifferenz von 1° C besitzen. Sie hat die Dimension

$$[\lambda] = \mathrm{kcal}\, m^{-1} h^{-1}\, {}^0C^{-1}.$$

Sie ist eine physikalische Konstante eines Stoffes. Die Zahlentafel 9 enthält diese Größe für einige Stoffe.

Zahlentafel 9

Wärmeleitzahlen bei 20° C

Kupfer	340	Stahl	39	Glas	0,7
Aluminium	197	Messing	75	Wasser	0,5
Gußeisen	55	Sandstein	1,6	Luft	0,022

Bei den Metallen ist die Wärmeleitzahl sehr von Beimischungen abhängig, insbes. beim Eisen. Leider gibt es noch keine Formel für die Wärmeleitzahl von technischem Eisen in Abhängigkeit von seiner Zusammensetzung. Die Wärmeleitzahl der Stoffe nimmt im allgemeinen mit der Temperatur zu.

Eliminiert man aus obigen 3 Gleichungen die Wandtemperatur ϑ_1 und ϑ_2, so erhält man die Pécletsche Gleichung

$$Q = \frac{F(t_1 - t_2)z}{\frac{1}{\alpha_1} + \frac{d}{\lambda} + \frac{1}{\alpha_2}}.$$

Setzt man darin

$$(10) \qquad \frac{1}{K} = \frac{1}{\alpha_1} + \frac{d}{\lambda} + \frac{1}{\alpha_2},$$

so geht sie über in

$$(11) \qquad Q = K \cdot F(t_1 - t_2)z.$$

Man nennt den Beiwert K die Wärmedurchgangszahl. Ihre Dimension ist

$$[K] = \text{kcal}\, m^{-2} h^{-1}\, {}^0C^{-1}.$$

Ist die Heizfläche aus mehreren Teilen zusammengesetzt, ist z. B. das Kesselblech mit einer $d_2\, m$ starken Schicht aus Kesselstein von der Wärmeleitzahl λ_2 bedeckt, so ergibt sich die Gleichung

$$\frac{1}{K} = \frac{1}{\alpha_1} + \frac{d_1}{\lambda_1} + \frac{d_2}{\lambda_2} + \frac{1}{\alpha_2}.$$

Die in der Zeiteinheit pro Flächeneinheit übergehende Wärme nennt man die Heizflächenbelastung.

Die folgenden Betrachtungen beschäftigen sich mit den Eigenschaften der Wärmeübergangszahl zu beiden Seiten der Heizfläche. Für den dortigen Wärmeübergang gibt es zwei Arten des Wärmeaustausches. Der eine besteht in der Wärmestrahlung, der andere in der Wärmeleitung.

§ 2. Die Wärmestrahlung

Der Wärmeübergang durch Strahlung befolgt 4 Gesetze. Die Wärme, welche die Oberfläche eines Körpers ausstrahlt, ist nach dem Gesetz von Prévost nur von seiner Temperatur und der Größe und Beschaffenheit seiner Oberfläche abhängig. Sie ist aber ganz unabhängig von der Temperatur der ihn umgebenden Luft, von der die durch Wärmeleitung abgegebene Wärme sehr stark abhängt. Die Größe dieser Wärmeausstrahlung oder Emission E eines Körpers kann nach dem Stefan-Boltzmannschen Gesetz berechnet werden. Dieses lautet

$$E = CF\left(\frac{T}{100}\right)^4 z. \tag{12}$$

Die Emission ist danach proportional der 4. Potenz der absoluten Temperatur der Körperoberfläche. Den Beiwert C nennt man die Strahlungszahl der Oberfläche des strahlenden Körpers. Ihre Dimension ist

$$[C] = \text{kcal}\, m^{-2} h^{-1} ({}^0C)^{-4}.$$

Trifft auf die Oberfläche eines festen Körpers Energiestrahlung im Betrage von Q kcal, so wird davon ein Betrag Q_a absorbiert. Der Restbetrag wird von der Oberfläche reflektiert. Man nennt die Verhältniszahl der absorbierten Wärme zur aufgestrahlten Wärme das Absorptionsvermögen der Körperoberfläche. Es ist also

$$A = \frac{Q_a}{Q}.$$

Sie ist eine dimensionslose Größe und immer kleiner als eins. Im Grenzfall ist $A = 1$. Man nennt einen solchen Körper, der also alle auf seine Oberfläche auftretenden Wärmestrahlen absorbiert, einen absolut schwarzen Körper. Er spielt als theoretischer Grenzfall im folgenden eine wichtige Rolle. Das 3. Strahlungsgesetz, das von Kirchhoff, gibt einen Zusammenhang zwischen dem Emissionsvermögen E eines Körpers und seinem Absorptionsvermögen A.

Zu seiner Ableitung betrachtet man zwei plattenförmige Körper verschiedenen Stoffes, die in engem Abstand einander gegenüberstehen, so daß die Emission des einen Körpers voll auf den andern trifft. Beide seien gegen Wärmeaustausch mit der Umgebung gut isoliert. Sie nehmen dann erfahrungsgemäß beide die gleiche Temperatur an.

Der Körper I mit der stündlichen Emission E_1 absorbiert von seiner eigenen Strahlung wieder einen Teil, denn vom Körper II wird von der Emission E_1 der Betrag A_2E_1 absorbiert und der Rest $E_1(1 - A_2)$ reflektiert. Dieser trifft auf den Körper I, der davon, also von seiner eigenen Strahlung, den Betrag $A_1E_1(1 - A_2)$

absorbiert. Setzt man diese Betrachtung weiter fort, so findet man, daß der Körper I von seiner eigenen Strahlung den Betrag

$$Q_1 = \frac{A_1(1 - A_2)E_1}{A_1 + A_2 - A_1A_2}$$

absorbiert. Auf dem gleichen Wege findet man den Betrag Q_2, den der Körper I von der Emission E_2 des Körpers II absorbiert. Es wird

$$Q_2 = \frac{A_1E_2}{A_1 + A_2 - A_1A_2}.$$

Im Beharrungszustand muß der Körper I ebensoviel Wärme ausstrahlen als absorbieren. Es muß also sein

$$E_1 = Q_1 + Q_2.$$

Mit obigen Werten ergibt sich dann

$$\frac{E_1}{A_1} = \frac{E_2}{A_2}.$$

Ersetzt man den Körper II bei dieser Betrachtung durch einen Körper III oder durch den absolut schwarzen Körper vom Emissionsvermögen E_s, so folgt allgemein für dieselbe Temperatur die Gl. 13

$$\frac{E_1}{A_1} = \frac{E_2}{A_2} = \frac{E_3}{A_3} = E_s. \tag{13}$$

Diese Kirchhoffsche Formel sagt also aus, daß bei derselben Temperatur das Verhältnis des Absorptionsvermögens zum Emissionsvermögen für alle Körper gleich der Emission des absolut schwarzen Körpers ist. Setzt man für das Emissionsvermögen den Wert nach dem Stefan-Boltzmannschen Gesetz ein, so folgt

$$\frac{C_1}{A_1} = \frac{C_2}{A_2} = \frac{C_3}{A_3} = C_s$$

$$C_1 = A_1C_s \quad \text{und} \quad C_2 = A_2C_s.$$

D. h., wenn A_1 bekannt ist, so kann mittels dieser Gleichung C_1 berechnet werden. Außerdem folgt aus dem Kirchhoffschen Gesetz, daß bei derselben Temperatur der absolut schwarze Körper ein Maximum an Wärme ausstrahlt. Die Zahlentafel 10 enthält für verschiedene Körper die Werte von C und A.

Zahlentafel 10

Strahlungswerte

	Strahlungszahl C kcal $m^{-2}h^{-1}(^0C)^{-4}$	Absorptionsvermögen A
absolut schwarzer Körper	4,97	1
Wasser	4,80	0,965
Messing, poliert	0,24	0,049
Aluminium, poliert	0,26	0,052
Aluminium, Walzhaut	0,35	0,071
Gußeisen, abgedreht	2,16	0,435
Gips	4,49	0,903
Papier, weiß	4,62	0,930

Die Zahlentafel 11 zeigt die Zunahme der Strahlung von 1 m^2 des absolut schwarzen Körpers mit der Temperatur.

Zahlentafel 11

Strahlung des absolut schwarzen Körpers kcal $m^{-2}h^{-1}$

t^0C	E	t^0C	E
0	276	1000	130000
100	952	2000	1330000
500	17800	3000	5710000

Haben die beiden oben betrachteten einander gegenüberstehenden ebenen Körper verschiedene Temperatur, so wird die zwischen ihnen pro Stunde durch Strahlung ausgetauschte Wärme

$$Q_s = E_1 - Q_1 - Q_2 = \frac{F\left[\left(\frac{T_1}{100}\right)^4 - \left(\frac{T_2}{100}\right)^4\right]}{\frac{1}{C_1} + \frac{1}{C_2} - \frac{1}{C_s}}. \tag{14}$$

Ist der Körper I vollkommen von dem Körper II eingeschlossen, so wird

$$Q_s = \frac{F_1\left[\left(\frac{T_1}{100}\right)^4 - \left(\frac{T_2}{100}\right)^4\right]}{\frac{1}{C_1} + \frac{F_1}{F_2}\left(\frac{1}{C_2} - \frac{1}{C_s}\right)}. \tag{15}$$

Hierin ist F_1 die Oberfläche des Körpers I und F_2 die des Körpers II. Ist F_2 sehr groß gegen F, so wird

$$C_s = C_1 F_1\left[\left(\frac{T_1}{100}\right)^4 - \left(\frac{T_2}{100}\right)^4\right].$$

Stehen sich zwei verschieden heiße Flächen in größerem Abstand gegenüber, wie z. B. der Rost und die Heizfläche eines Wasserrohrkessels, so dient zur Berechnung der zwischen beiden durch Strahlung ausgetauschten Wärme das Lambertsche Strahlungsgesetz Gl. 16. Es sagt aus, wieviel von der Strahlung eines Flächenelementes von der Größe df_1 des Körpers I auf ein Flächenelement df_2 des Körpers II trifft. Diese Wärme ist

$$d^2Q = \frac{I_1 df_1 df_2 \cos \alpha_1 \cos \alpha_2}{r^2}. \tag{16}$$

I_1 ist dabei die Intensität der Strahlung des Körpers I, das ist die Strahlung senkrecht zum Flächenelement df_1. r ist der Abstand der beiden Flächenelemente und α_1 und α_2 sind die Winkel, welche die Normalen in den beiden Flächenelementen mit diesem Abstand einschließen.

Ersetzt man den Körper II durch eine hohle Halbkugel von schwarzer Oberfläche, deren Mittelpunkt in die Fläche df_1 fällt, so liefert die Integration des Lambertschen Gesetzes über die ganze Halbkugel den Wert für die Strahlungsintensität zu

$$I_1 = \frac{C_1}{\pi}\left(\frac{T_1}{100}\right)^4.$$

Die praktische Anwendung des Lambertschen Gesetzes ist recht schwierig.

§ 3. Die Strahlung der Gase

Läßt man die Wärmestrahlung eines heißen Körpers durch ein Flußspatprisma treten, so wird die Strahlung in ein Wärmespektrum aufgelöst, d. h. der heiße Körper strahlt Strahlen aller Wellenlängen aus. Bei den meisten Körpern ist dabei, abgesehen von dem Gebiet des sichtbaren Lichtes, das Absorptionsvermögen unabhängig von der Wellenlänge. Eine Ausnahme davon zeigen nun die Gase. Luft und andere zweiatomige Gase sind praktisch für Wärmestrahlen durchlässig. Nach dem Kirchhoffschen Gesetz strahlen sie dann auch keine Wärme aus. Aber die Verbrennungsprodukte Kohlensäure und Wasserdampf besitzen mehrere Absorptionsbanden, d. h. in engen Wellenbezirken absorbieren sie Wärmestrahlen. In diesen Gebieten strahlen sie deshalb auch Wärme aus. Im Feuerraum eines Dampfkessels wird deshalb nicht nur vom Rost und von den in den Rauchgasen schwebenden glühenden Kohle- und Ascheteilchen Wärme gegen die Kesselheizfläche gestrahlt, sondern die Verbrennungsgase strahlen selbst Wärme aus. Näherungsweise kann diese Gasstrahlung mit der von Nußelt aufgestellten Gleichung

$$Q_g = 0{,}362\,F\left[\left(\frac{T_1}{100}\right)^4 - \left(\frac{T_2}{100}\right)^4\right]$$

berechnet werden. In ihr ist T_1 die Temperatur der strahlenden Gasmasse, F ihre Oberfläche und T_2 die Temperatur der bestrahlten Fläche.

Aus neueren Versuchen von Eckert über die Wärmestrahlung der Kohlensäure und des Wasserdampfes leitet Schack die folgenden Formeln ab:

Für Kohlensäure $E = 3{,}5\sqrt[3]{ps}\left(\frac{T}{100}\right)^{3{,}5}$ kcal $m^{-2}h^{-1}$ und für Wasserdampf $E = 35\,p^{0{,}8}s^{0{,}6}\left(\frac{T}{100}\right)^3$ kcal $m^{-2}h^{-1}$. s ist hierin die Schichtdicke in m und p der Partialdruck in at.

§ 4. Die Wärmeleitung

Wenn man die oben angeführte Fouriersche Gleichung q ansetzt und dabei die Stärke der Platte immer mehr verkleinert, so geht sie in den Differentialausdruck

$$d^2Q = -\lambda\,\frac{\partial t}{\partial x}\,df\,dz$$

über. Er stellt die Wärme dar, die in der Zeit dz durch die Fläche df in einem Körper hindurchfließt, wenn senkrecht zur Fläche in der Richtung des Wärmestromes das Temperaturgefälle $\frac{\partial t}{\partial x}$ besteht. Mit ihr kann z. B. der Wärmefluß durch ein Rohr berechnet werden. Ist d_1 der innere Durchmesser und d_2 der äußere Durchmesser des Rohres von der Länge l, so betrachtet man eine zylindrische Fläche vom Radius x. Durch diese strömt dann gemäß obiger Formel in der Zeiteinheit die Wärme

$$Q = -\lambda 2\pi x l\,\frac{dt}{dx}.$$

Da im stationären Wärmestrom Q unabhängig von x ist, ergibt die Integration, wenn t_1 und t_2 die Oberflächentemperaturen sind, die ausgetauschte Wärme

$$Q = \frac{2\pi\lambda l\,(t_1 - t_2)}{\ln\frac{d_2}{d_1}}.$$

Geht man nicht von der Oberflächentemperatur aus, sondern von den Gas- bzw. Flüssigkeitstemperaturen zu beiden Seiten der Rohroberfläche, so ergibt sich für den Wärmedurchgang durch eine röhrenförmige Heizfläche die Gleichung

(17) $$Q = \frac{\pi l (t_1 - t_2)}{\frac{1}{\alpha_1 d_1} + \frac{\ln d_2/d_1}{2\lambda} + \frac{1}{\alpha_2 d_2}}.$$

Zur Aufstellung der Differentialgleichung der Wärmeleitung für den nicht stationären Wärmefluß, die bei Anheizvorgängen eine Rolle spielt, werde ein plattenförmiger Körper von der Stärke d betrachtet. Gemäß der Fourierschen Gleichung strömt durch eine Ebene parallel zur Oberfläche in der Tiefe x in der Zeit dz die Wärme

$$dQ = -\lambda F \frac{\partial t}{\partial x} dz.$$

Durch eine um dx benachbarte Ebene fließt die Wärme

$$dQ + d^2Q = -\lambda F dz \left(\frac{\partial t}{\partial x} + \frac{\partial^2 t}{\partial x^2} dx\right).$$

Der Unterschied zwischen diesen beiden Wärmemengen

$$d^2Q = \lambda F \frac{\partial^2 t}{\partial x^2} dx\, dz$$

wird in der Schicht von der Stärke dx aufgespeichert und führt dort eine Erwärmung hervor gemäß der Beziehung

$$d^2Q = F\, dx\, \gamma\, c \frac{\partial t}{\partial z} dz,$$

wenn γ das spezifische Gewicht und c die spezifische Wärme des Materiales der Platte sind. Die Gleichsetzung beider Wärmemengen liefert die Fouriersche Differentialgleichung der Wärmeleitung

(18) $$\frac{\partial t}{\partial z} = \frac{\lambda}{\gamma c} \frac{\partial^2 t}{\partial x^2}.$$

Die Konstante

$$\frac{\lambda}{\gamma c} = a^2$$

nennt man die Temperaturleitfähigkeit des Körpers, deren Wert für einige Körper in der Zahlentafel 12 enthalten ist.

Zahlentafel 12
Temperaturleitfähigkeit bei 20° C

$$a^2 = \frac{\lambda}{\gamma c} \, m^2 h^{-1}$$

Kupfer	0,37	Luft	0,21
Eisen	0,05	Wasser	0,0014
Ziegel	0,001	Wasserdampf ... (100°, 1 at)	0,072

Bei der Integration dieser Gleichung für spezielle Aufgaben sind noch die Randbedingungen zu erfüllen. Sie machen unter Umständen die Lösung der Differentialgleichung zu einer recht schwierigen Aufgabe. Die Lösung läßt sich dann meist nur durch unendliche Reihen darstellen oder auf eine Integration zurückführen. Zahlreiche partikuläre Integrale der Differentialgleichung, aus welchen sich die Lösung herstellen läßt, lassen sich angeben, so

$$t = e^{-n^2 a^2 z} \cos nx\,,$$

$$t = e^{-n^2 a^2 z} \sin nx\,,$$

$$t = e^{-x\sqrt{\frac{q}{2a^2}}} \cos\left(qz - x\sqrt{\frac{q}{2a^2}} + \varphi\right).$$

Wenn die Platte dünn ist und sich in ihrer ganzen Stärke an den Temperaturänderungen beteiligt, kann vielfach ein dem Newtonschen Gesetz entsprechender Ansatz auf die Erwärmung fester Körper übertragen werden. Man definiert dann eine Wärmeübergangszahl für das Eindringen der Wärme in den festen Körper durch die Gleichung

$$dQ = \alpha_i F (t_1 - t_m) dz\,,$$

in der t_1 die Oberflächentemperatur der Platte und t_m ihre Mitteltemperatur ist. Nach Nußelt ist

$$\alpha_i = 5{,}0 \frac{d}{\lambda}\,,$$

wenn d die Stärke der Platte und λ ihre Wärmeleitzahl ist.

§ 5. Der Wärmeübergang durch Strömung

Fließt an der Oberfläche eines festen Körpers eine Flüssigkeit oder ein Gas entlang, das eine andere Temperatur als die Körperoberfläche besitzt, so findet zwischen beiden ein Wärmeaustausch durch Wärmeleitung statt. Die an der festen Oberfläche erwärmten Flüssigkeitsteilchen werden durch die Strömung fortgeführt. Das über dem Körper in der Flüssigkeit entstehende Temperaturfeld hängt deshalb von dem Strömungsfeld ab und wird von ihm stark beeinflußt. Durch die Strömung erweitert sich die Differentialgleichung der Wärmeleitung, angewendet auf die Flüssigkeit. Es treten in ihr die vom Ort und der Zeit abhängigen Komponenten der Geschwindigkeit auf. Eine Lösung dieser Gleichung ist deshalb nur in einigen weiteren Fällen möglich. Nußelt hat aber gezeigt, daß man auch ohne die Differentialgleichung integrieren zu können durch Ähnlichkeitsbetrachtungen sehr wichtige Schlüsse aus den Differentialgleichungen des Wärmeüberganges ziehen kann. Ist das Temperaturfeld in der strömenden Flüssigkeit längs der Oberfläche bekannt, so ergäbe sich daraus die zwischen dem Körper und der Flüssigkeit ausgetauschte Wärme zu

$$Q = -\lambda \int^{F} \frac{\partial t}{\partial n}\, df,$$

wobei die Integration über die ganze Körperoberfläche auszudehnen ist. Der Differentialquotient unter dem Integral ist dabei das Temperaturgefälle in der Flüssigkeit an der Körperoberfläche.

Nach dem Newtonschen Gesetz ist die ausgetauschte Wärme andererseits

$$Q = \alpha F(\vartheta_1 - t_1),$$

wenn ϑ_1 die Oberflächentemperatur des Körpers und t_1 die mittlere Temperatur des Flüssigkeitsstromes ist.

Die Ähnlichkeitsbetrachtung liefert für die Wärmeübergangszahl die Beziehung Gl. 19

$$\alpha = \frac{\lambda}{d}\,\Phi\left(\frac{dw\gamma}{g\eta}, \frac{g\eta c_p}{\lambda}\right). \tag{19}$$

Hierin ist

d eine ausgezeichnete Dimension des Körpers,
w die mittlere Strömungsgeschwindigkeit,
γ das spezifische Gewicht der Flüssigkeit,
c_p ihre spezifische Wärme,
η ihre Zähigkeitszahl,
λ ihre Wärmeleitzahl.

Φ ist eine zunächst noch unbekannte Funktion der beiden Brüche. Sie gilt vorerst nur für ähnlich gestaltete Körper.

Aus obiger Gleichung lassen sich schon technisch wichtige Ergebnisse ableiten, z. B. das folgende. Da die Gleichung aussagt, daß die Wärmeübergangszahl nicht in beliebiger Weise von der Geschwindigkeit und dem spezifischen Gewicht der Flüssigkeit abhängt, sondern nur von ihrem Produkt, so folgt daraus, daß der Einfluß der Geschwindigkeit und des spezifischen Gewichtes derselbe ist. Nun wußte man schon längst erfahrungsgemäß, daß die Strömungsgeschwindigkeit den Wärmeübergang vergrößert. Die Ähnlichkeitsformel sagt dann aus, daß bei zunehmendem spezifischen Gewicht der Flüssigkeit die Wärmeübergangszahl zunimmt. Sie steigt deshalb mit wachsendem Gasdruck an; sie ist deshalb für Wasser größer als für Luft.

Man kann durch die Einführung dimensionsloser Kenngrößen die Ähnlichkeitsgleichung auch noch kürzer und übersichtlicher schreiben. Setzt man

$$\frac{\alpha d}{\lambda} = Nu \quad \text{(Nußeltsche Kennzahl)},$$

$$\frac{dw\gamma}{g\eta} = Re \quad \text{(Reynoldssche Kennzahl)},$$

$$\frac{g\eta c_p}{\lambda} = Pr \quad \text{(Prandtlsche Kennzahl)}$$

und

$$\frac{dw\gamma c_p}{\lambda} = Re \cdot Pr = Pe \quad \text{(Pécletsche Kennzahl)},$$

so lautet sie

$$Nu = \Phi\,(Re,\ Pr)\,.$$

Nu ist also nur von 2 Größen abhängig. Wie die Zahlentafel 13 zeigt, ändert sich die Prandtlsche Zahl mit der Art des Stoffes in weiten Grenzen.

Zahlentafel 13
Prandtlsche Zahl bei 20° C

Quecksilber	0,022	Wasser	6,97
Luft	0,725	Öl	860

Für Gase ist sie von der Temperatur unabhängig. Für Flüssigkeiten nimmt sie mit ansteigender Temperatur stark ab.

Die Funktion Φ muß vorerst durch Versuche ermittelt werden. Nußelt zeigte, daß sie innerhalb der Versuchsgenauigkeit durch ein Produkt von zwei Potenzfunktionen darstellbar ist. Damit wird

$$Nu = c_1 Re^n \cdot Pr^m\,.$$

In dieser Gleichung sind die 3 Beiwerte c_1, n und m noch von der Art der Flüssigkeit abhängig. Da für Gase die Prandtlsche Kennzahl nahezu gleich 1 ist, kann für diese $m = n$ gesetzt werden. Damit vereinfacht sich die Formel in

$$Nu = c_1\, Pe^n\,.$$

Am wichtigsten ist der Wärmeübergang bei der Strömung eines Gases, Dampfes oder einer Flüssigkeit durch ein Rohr, findet er sich doch beim Dampfkessel, im Kondensator und bei den meisten sonstigen Wärmeaustauschern. Er ist deshalb auch am eingehendsten untersucht. Die Abb. 10 zeigt die Abhängigkeit der Wärmeübergangszahl beim Strömen von Leuchtgas durch ein Rohr nach Versuchen von Nußelt. Die Kurve zeigt einen Knick, der bei der Reynoldsschen kritischen Strömungsgeschwindigkeit liegt. Ebenso wie der Druckabfall im Rohr an der kritischen Geschwindigkeit eine Änderung seiner Gesetzmäßigkeit erleidet, so ist das also auch für den Wärmeübergang der Fall.

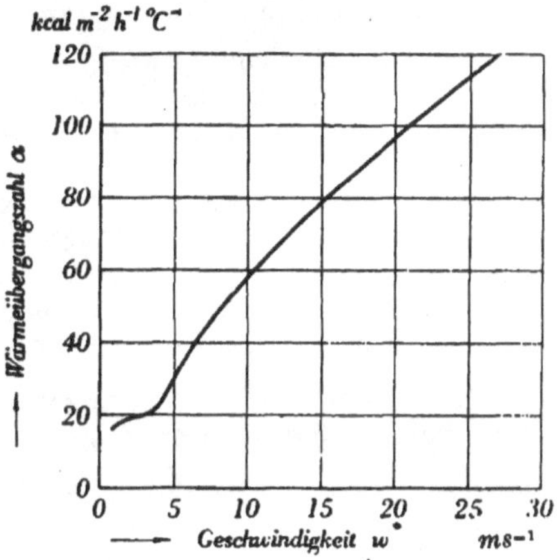

Abb. 10. Abhängigkeit der Wärmeübergangszahl von der Geschwindigkeit.

Die obige Gleichung für Nu gilt ihrer Ableitung gemäß nur für ähnlich gestaltete Körper. Bei Rohren von kreisförmigem Querschnitt ist dies der Fall, wenn das Verhältnis von $\frac{d}{L}$, Rohrdurchmesser zu Rohrlänge, konstant ist. Es ist deshalb noch ein Einfluß von d/L auf Nu zu erwarten. So kann nach Nußelt für den Wärmeaustausch zwischen Rohrwand und der durch das Rohr strömenden Gase oder Dämpfe gesetzt werden

$$(20) \qquad Nu = 0{,}03622\; Pe^{0{,}786} \left(\frac{d}{L}\right)^{0{,}054}$$

Nach Versuchen von Jordan ist für einen anders gestalteten Rohrquerschnitt, z. B. für einen Ringquerschnitt, dieselbe Formel verwendbar. Es ist dann nur für d der 4fache hydraulische Radius zu setzen. Wird nur durch einen Teil des Umfangs Wärme übertragen, so ist der hydraulische Radius zu ersetzen durch das Verhältnis des Rohrquerschnittes zum wärmeübertragenden Umfang.

Die Formel gilt zunächst nur für kleine Differenzen der Rohrwand- und der Flüssigkeitstemperatur. Bei großen Temperaturdifferenzen macht sich der Einfluß der Temperatur auf die Stoffwerte stark bemerkbar. Nach der Ähnlichkeitstheorie tritt dann noch eine Abhängigkeit vom Verhältnis der absoluten Wand- zur absoluten Gastemperatur auf. Nach Nußelt kann er ausgedrückt werden durch das Einsetzen der Stoffwerte in der Formel bei den integralen Mittelwerten zwischen jenen beiden Temperaturen.

Die Potenzformel hat sich auch bei anders gestalteten Körpern bestätigt. So gilt nach Versuchen von Reiher für den Wärmeaustausch zwischen einem Rohrbündel, das von außen durch einen senkrecht zur Rohrachse auffallenden Luftstrom gekühlt wird:

bei geradlinig angeordneten Rohrreihen

$$Nu = 0{,}131\ Re^{0{,}654}$$

und bei versetzten Rohrreihen

$$Nu = 0{,}131\ Re^{0{,}69}\,.$$

Strömt Luft von Atmosphärendruck und Zimmertemperatur an einer ebenen Platte entlang, so gilt nach Versuchen von Nußelt und Jürges

$$\alpha = 4{,}8 + 3{,}4\,w \text{ kcal } m^{-2}h^{-1}\,{}^0C^{-1} \quad \text{für } w < 5\,ms^{-1}$$

und $$\alpha = 6{,}12\,w^{0{,}78} \text{ kcal } m^{-2}h^{-1}\,{}^0C^{-1} \quad \text{für } w > 5\,ms^{-1}.$$

Ist bei einer Kugelschüttung f das Porenvolumen, bezogen auf den geformten Raum, so gilt für den Wärmeübergang zwischen den Kugeln und der Luft, die durch das Haufwerk strömt,

$$Nu = \frac{0{,}106}{1 - f} \cdot Pe$$

nach Versuchen von Saunders und Ford.

Nicht so einheitlich wie bei Gasen sind die Versuchsergebnisse beim Wärmeaustausch an Wasser. Stender hat den Wärmeübergang beim Durchfluß von Wasser durch ein Rohr gemessen und hat bei konstanter Wandtemperatur mit verschiedenen Wassertemperaturen gearbeitet. Er hat dabei den Wärmeübergang von Wasser an die Wand und den in umgekehrter Richtung gemessen. Extrapoliert man, wie Nußelt gezeigt hat, den Wärmeübergang auf die Temperatur Null, so ergibt sich eine größere Wärmeübergangszahl beim Wärmeübergang zur Wand als bei der umgekehrten Richtung, ein Ergebnis, das den Gesetzen der Wärmeleitung widerspricht. Auch der Einfluß des Rohrdurchmessers und der Rohrlänge ist noch nicht endgültig geklärt. Man kann für den Wärmeaustausch zwischen Wasser und Rohrwand setzen

$$Nu = 0{,}024\, Re^{0,8} Pr^{0,37}. \tag{21}$$

Der Wärmeübergang im Rohr ist auch theoretisch noch weitgehend behandelt worden. So hat im vorigen Jahrhundert schon Reynolds die folgende Impulstheorie angegeben. Sie gestattet, einen einfachen Zusammenhang zwischen der Wärmeübergangszahl und der Rohrreibung, bzw. der durch sie hervorgerufenen Schubspannung τ an der Wand aufzustellen. Ebenso wie nach der kinetischen Gastheorie die Reibung durch den Impulsaustausch der Moleküle zustande kommt, wird nach Reynolds die Rohrreibung verursacht durch die Impulsabgabe einer Flüssigkeitsmasse M, die pro Sekunde aus dem strömenden Flüssigkeitskern mit der Strömungsgeschwindigkeit w auf die Wand trifft. So wird

$$\tau = Mw\,.$$

Weiter nimmt Reynolds an, daß diese Masse beim Auftreffen auf die Wand sich von der Flüssigkeitstemperatur t_0 auf die Wandtemperatur t_w abkühlt. Es wird so die Wärmeabgabe an die Wand

$$Q = Mgc_p(t_0 - t_w).$$

Ersetzt man hierin M nach obiger Gleichung durch τ, so wird

$$Q = \frac{\tau g c_p (t_0 - t_w)}{w}.$$

Da mit der Wärmeübergangszahl auch

$$Q = \alpha (t_0 - t_w)$$

ist, so ergibt sich

$$\alpha = \frac{\tau g c_p}{w}.$$

Da τ für glatte Röhren proportional $w^{1,75}$ ist, muß danach α proportional $w^{0,75}$ sein.

Prandtl hat in die Hydraulik den sehr fruchtbaren Begriff der Grenzschicht eingeführt. Es bildet sich durch die Strömung eine laminare Grenzschicht aus, in der die Geschwindigkeit von Null bis auf die mittlere Strömungsgeschwindigkeit w ansteigt. Damit ergibt sich gemäß der Grenzschichten-Theorie

$$\tau = \eta \frac{dw}{dn} = \frac{\eta w}{y_0},$$

wenn y_0 die Stärke der Grenzschicht ist. Sie kann also aus der Rohrreibung berechnet werden. Setzt man nun beim Wärmeübergang in der Grenzschicht einen linearen Temperaturabfall von t_0 auf t_w voraus, so wird nach dem Gesetz der Wärmeleitung

$$Q = \frac{\lambda(t_0 - t_w)}{y_0}$$

und damit

$$\alpha = \frac{\lambda}{y_0}.$$

Ersetzt man hierin y_0 durch τ, so wird

$$\alpha = \frac{\tau\lambda}{\eta w},$$

also wie nach der Impulstheorie proportional τ und umgekehrt proportional w.

Prandtl hat diese beiden Theorien dann vereinigt, indem er im Kern des Flüssigkeitsstromes die Impulsübertragung und an der Wand die lineare Grenzschicht ansetzte. Er erhielt so die folgende Formel 22

$$\alpha = \frac{\tau g c_p}{w[1 + \varphi(Pr - 1)]}. \tag{22}$$

Der Beiwert φ ist darin das Verhältnis der Geschwindigkeit w' am Rande der Grenzschicht zur mittleren Strömungsgeschwindigkeit w. Ten Bosch setzt dafür empirisch

$$\varphi = \frac{B}{Pr^{0,185} Re^{0,1}},$$

wobei $B = 1{,}4$ für $t_w > t_0$

$B = 1{,}12$ für $t_w < t_0$

Stodola hat zuerst gezeigt, daß bei sehr großen Geschwindigkeiten, wie sie z. B. beim Veloxkessel vorkommen, die Formeln einer Revision bedürfen. Er erkannte, daß in der Grenzschicht durch die Reibung eine merkliche Steigerung der Temperatur entsteht, die den Wärmeübergang wesentlich beeinflußt. In der Raumeinheit wird durch die Reibung in der Zeiteinheit die Wärme

$$q = A \cdot \eta \left(\frac{dw}{dy}\right)^2$$

erzeugt. In der Prandtlschen Grenzschicht ergibt sich dann kein linearer, sondern ein parabolischer Temperaturabfall. Bremst man die Gasgeschwindigkeit w adiabatisch ab, so erwärmt sich das Gas auf die Bremstemperatur

$$t_b = t_0 + \frac{Aw^2}{2gc_p}.$$

In der Grenzschicht entsteht durch die Reibung dann eine Übertemperatur

$$t_ü = t_0 + 0{,}85\,(t_b - t_0).$$

Damit wird die übergehende Wärme

(23) $$Q = \alpha\,(t_w - t_ü).$$

In die Newtonsche Gleichung ist also statt der Gastemperatur t_0 die Übertemperatur $t_ü$ einzusetzen. Ist die Rohrwand gegen Wärmeaustausch isoliert, so nimmt sie die Temperatur $t_ü$ an.

§ 6. Der Wärmeübergang durch Konvektion

Bei der Abkühlung eines heißen Körpers in einem mit kalter Flüssigkeit oder einem Gase gefüllten Raum erwärmen sich deren Teilchen in der Nähe der Körperoberfläche durch Wärmeleitung. Sie dehnen sich aus und erleiden dadurch einen Auftrieb. Es bildet sich in der Grenzschicht ein Geschwindigkeitsfeld aus, welches

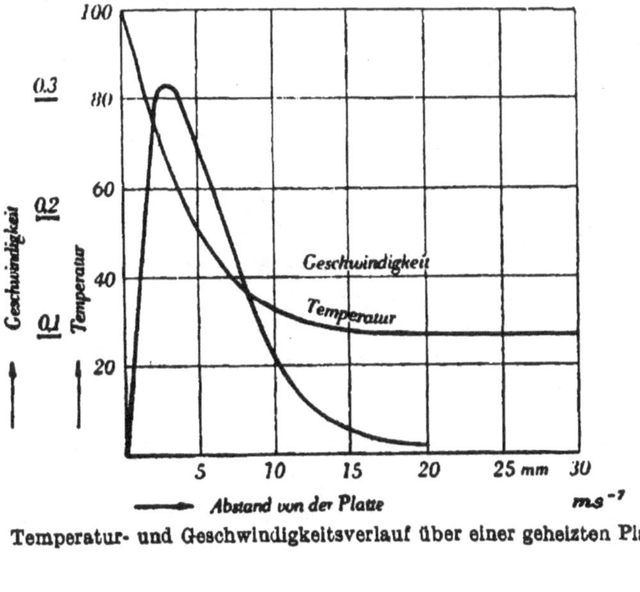

Abb. 11. Temperatur- und Geschwindigkeitsverlauf über einer geheizten Platte.

für eine senkrechte Platte nach Versuchen von Nußelt und Jürges zusammen mit dem Temperaturfeld in der Abb. 11 dargestellt ist. Man nennt den dadurch entstehenden Wärmeaustausch den Wärmeübergang durch Konvektion.

Nach Untersuchungen von Nußelt liefert die Ähnlichkeitsbetrachtung eine neue Kenngröße

$$Gr = \frac{d^3 \gamma^2 r (t_w - t_0)}{g \eta^2} \quad \text{(Grashof)},$$

in der r der Ausdehnungskoeffizient ist. Dann gilt für den Wärmeübergang durch Konvektion die Beziehung

(24) $$Nu = \psi(Gr,\ Pr)\,.$$

Die Funktion ψ ist erstmalig von Nußelt für ein in Luft horizontal liegendes Rohr, bzw. Draht angegeben worden. Die Abb. 12 zeigt ihren Verlauf. Nach Versuchen von Davis über die Abkühlung eines Drahtes in verschiedenen Flüssigkeiten kann die Formel durch folgende ersetzt werden:

$$Nu = \psi(Gr \cdot Pr)\,.$$

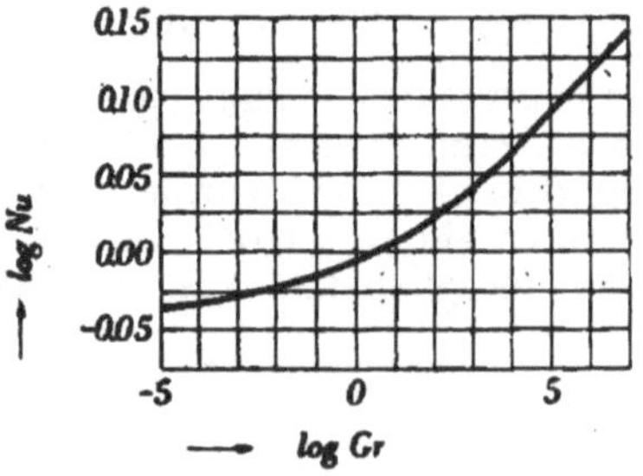

Abb. 12 $Nu = \psi(Gr)$ für horizontale Rohre in Luft.

Für große Werte von Gr lautet sie

$$Nu = 0{,}502 \sqrt[4]{Gr \cdot Pr}\,.$$

Für den Fall der Abkühlung heißer Gase in einem geschlossenen Gefäß wurde von Nußelt die Formel

$$\alpha = 0{,}99 \sqrt{p^2 T} \ \text{kcal}\ m^{-2} h^{-1}\ {}^0\text{C}^{-1}$$

aufgestellt. Sind die Gase in einem Zylinder eingeschlossen, dessen Kolben sich mit der mittleren Geschwindigkeit $w\ ms^{-1}$ bewegt, so ist sie noch mit dem Faktor

$$1 + 0{,}24\, w \qquad \text{für } w < 5\, ms^{-1}$$

und

$$2{,}06\, w^{0{,}75} \qquad \text{für } w > 5\, ms^{-1}$$

zu multiplizieren.

§ 7. Der Wärmeübergang bei der Kondensation von Dämpfen

Der Wärmeübergang bei der Kondensation von Dämpfen an einer gekühlten Oberfläche kann nach Nußelt durch die Bildung einer **Wasserhaut** an der Oberfläche erklärt und berechnet werden. Nimmt man an, daß in der Wasserhaut eine laminare Strömung herrscht, dann kann man das Gewicht des Wassers mit den durch die Flüssigkeitsreibung erzeugten Schubspannungen ins Gleichgewicht setzen. Damit ergibt sich ein parabolischer Geschwindigkeitsverlauf in der Wasserhaut. Zwischen der Stärke y_0 der Wasserhaut an einer Stelle der Kühlfläche und der dort pro 1 m der Breite derselben herabfließenden Kondensatmenge besteht dann die Beziehung

$$G = \frac{\gamma^2}{3\eta} y_0^3 \text{ kg } m^{-1} s^{-1} .$$

Nimmt man dann weiter an, daß an dei dem Dampf zugekehrten Seite die Wasserhaut die Sättigungstemperatur t_d und auf der anderen Seite die Oberflächentemperatur t_w der Kühlfläche annimmt, so kann man nach dem Wärmeleitungsgesetz die durch die Wasserhaut abfließende Wärme berechnen. Diese ist dann gleich der Kondensationswärme des niedergeschlagenen Dampfes. Aus dieser Gleichheit folgt die Veränderung der Stärke der Wasserhaut abhängig vom Abstand x vom oberen Ende der Kühlfläche zu

$$y_0 = \sqrt[4]{\frac{4\lambda\eta\,(t_d - {}_w)x}{r\gamma^2}},$$

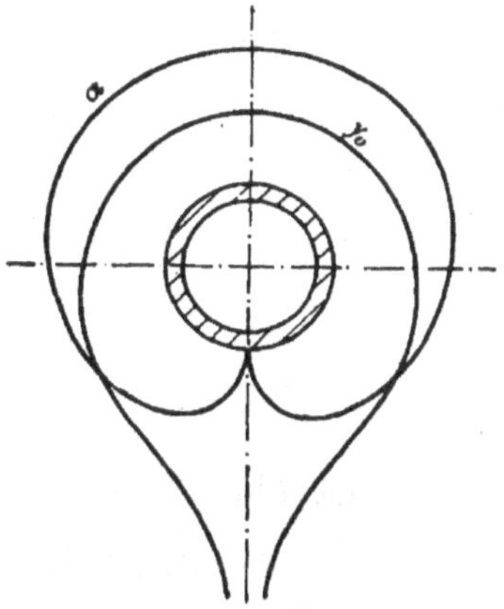

Abb. 13. Wärmeübergangszahl α und Stärke y_0 der Wasserhaut am Rohr.

in der r die Verdampfungswärme der kondensierenden Flüssigkeit ist. Die Integration über die Höhe H der Kühlfläche ergibt dann die mittlere Wärmeübergangszahl bzw. die Nußeltsche Kennzahl zu

$$(25) \qquad Nu = \frac{4}{3} \sqrt[4]{\frac{r\gamma^2 H^3}{4\,\eta\lambda(t_d - t_w)}} .$$

Ist die Heizfläche sehr hoch, wie das bei Apparaten der chemischen Industrie vorkommt, so muß man beachten, daß dann am unteren Ende die Strömung in der Wasserhaut turbulent wird. Auch dafür lassen sich Formeln aufstellen.

Die Abb. 13 zeigt für ein horizontal liegendes gekühltes Rohr die Stärke der Wasserhaut und den Verlauf der örtlichen Wärmeübergangszahl längs des Rohrumfanges.

E. Schmidt hat beobachtet, daß sich auch noch eine andere Art der Kondensation bilden kann, die sogenannte Tropfenkondensation. Bei ihr bilden sich an der Kühlfläche Tropfen, die periodisch abfließen. Nach Versuchen von Gnam dauert diese Periode der Tropfenbildung bei der Kondensation von Wasserdampf 0,4 bis 20 Sekunden. Das überraschende ist hiebei, daß durch die Tropfenbildung die Wärmeübergangszahl auf ein vielfaches der Werte bei der Wasserhautkondensation ansteigt. Es ergeben sich Werte für α bis zu 50000 kcal $m^{-2}\,h^{-1}\,{}^0C^{-1}$. Die Versuche von Gnam mit Wasserdampf und von Trapp mit Ammoniakdampf ergeben aber, daß es einer besonderen Bearbeitung der Kühlfläche bedarf. um für längere Zeit eine Tropfenbildung aufrecht zu erhalten. Sie geht nach einiger Zeit immer wieder in Hautkondensation über.

Wie Stender aus der Nußeltschen Theorie folgerte, spielt die Überhitzung des Dampfes nur eine geringe Rolle bei der Kondensation des Dampfes. Beim selben Druck kondensiert sogar etwas mehr überhitzter wie gesättigter Dampf. Von Seiten der Praxis, so namentlich von Claaßen, wird dieses Ergebnis noch bestritten. Sie behauptet, daß überhitzter Dampf die Heizwirkung herabsetzt.

Der Wärmeübergang beim Sieden von Flüssigkeiten ist noch nicht theoretisch behandelt. Auch liegen nur wenig Versuche vor. Es ist bisher nur eine Zunahme der Wärmeübergangszahl mit der Temperatur festgestellt worden. Ist t_0 die Temperatur der siedenden Flüssigkeit und t_w die Oberflächentemperatur der Heizfläche, so gilt nach Versuchen von Jakob für die Verdampfung von Wasser

$$\alpha = 900(t_w - t_d)^{0,35} \quad \text{für} \quad t_w - t_d < 6\,{}^0C$$

und

$$\alpha = 4{,}80(t_w - t_d)^3 \quad \text{für} \quad t_w - t_d > 6\,{}^0C\,.$$

Abschnitt III. Die Theorie der Wärmekraftmaschinen

§ 1. Die Beurteilung der Wärmekraftmaschinen

Wie auf S. 28 gezeigt wurde, könnte in einer umkehrbar arbeitenden Kraftmaschine fast der ganze Heizwert der Brennstoffe in mechanische Arbeit verwandelt werden. Es sind nur nicht umkehrbare Zustandsänderungen daran schuld, daß bei den heutigen Wärmekraftmaschinen nur ein Teil des Heizwertes in Form von mechanischer Arbeit an der Welle der

Maschine erscheint. Durch die Verbrennung des Brennstoffes und durch die damit verbundene Umsetzung der chemischen Energie in Wärme geht bereits ein beträchtlicher Teil des Arbeitsvermögens verloren.

Man teilt die Wärmekraftmaschinen in solche mit äußerer und solche mit innerer Verbrennung ein. Zu jenen zählen die Dampfkraftanlagen, also die Dampfmaschine und die Dampfturbine, zu diesen die Verbrennungskraftmaschine. Bei jenen erfolgt die Verbrennung und die Arbeitserzeugung in verschiedenen Apparaten, bei diesen im selben Zylinder.

Als Maß für die Güte einer Maschine benutzt man den wirtschaftlichen Wirkungsgrad

$$\eta_w = \frac{\text{mechanische Arbeit}}{\text{Heizwert des Brennstoffes}} = \frac{AL_e}{H_u}, \tag{26}$$

also das Verhältnis der effektiven Arbeit an der Welle der Maschine im Wärmemaß zum Heizwert des Brennstoffes, der zu dieser Arbeitsleistung verbraucht wird. Es wäre besser, im Nenner die maximale Arbeit des Brennstoffes zu setzen, weil dann η_w den Grenzwert 1 hätte. Aber $AL_{\max}$ ist vorerst noch zu umständlich zu bestimmen.

Der beste bis jetzt bestimmte wirtschaftliche Wirkungsgrad wurde bei einer Sulzer-Zweitakt-Schiffs-Dieselmaschine mit 41,7% erreicht.

Neben dem wirtschaftlichen Wirkungsgrad wird noch ein zweiter Wertmeßstab benutzt, der den Vorteil hat, daß er eine Dimension besitzt. Es ist dies der Wärmeverbrauch pro effektive Pferdekraftstunde. Das ist die Wärme, die der Maschine in Form von chemischer Energie zugeführt werden muß, um daraus die mechanische Arbeit einer Pferdekraftstunde zu gewinnen. Bezeichnet man diesen Wärmeverbrauch mit W_e und beachtet man, daß der Wärmewert einer Pferdekraftstunde 632 kcal ist, so besteht die Beziehung

$$\eta_w = \frac{632}{W_e},$$

oder

$$W_e = \frac{632}{\eta_w}. \tag{27}$$

Wärmeverbrauch und wirtschaftlicher Wirkungsgrad sind also einander umgekehrt proportional. Jene ausgezeichnete Dieselmaschine hat daher einen Wärmeverbrauch von

$$W_e = \frac{632}{0,417} = 1510 \text{ kcal/PS}_e\text{h}.$$

Es ist die Aufgabe der Theorie der Wärmekraftmaschine, die Arbeitsprozesse zu studieren und zu prüfen, durch welche Maßnahmen der wirtschaftliche Wirkungsgrad weiter gesteigert werden kann.

§ 2. Die Kolbendampfmaschine

Obgleich Watt, der Erfinder der Dampfmaschine, einige Vorgänger hatte, wie Savery und Newcomen, so ist doch er mit Recht als der Erfinder der Dampfmaschine zu bezeichnen, denn erst mit seiner im Jahre 1769 patentierten Maschine beginnt der großartige Aufschwung der Technik.

Der Fortschritt der Wattschen Dampfmaschine bestand darin, daß Watt den Arbeitsvorgang von dem Kondensationsvorgang trennte, indem daß er neben dem Dampfzylinder den Kondensator schuf. Außerdem führte er die Expansion des vom Zylinder angesaugten Dampfes ein. Entsprechend dem damaligen Zustand der Technik lag der Dampfdruck im Kessel nur wenig über dem Atmosphärendruck, so daß die Expansion ganz im Vakuum verlief. Erst Evans erkannte den günstigen Einfluß eines höheren Kesseldruckes. Aber obgleich schon Carnot die Zunahme des Wirkungsgrades mit steigendem Dampfdruck theoretisch begründet hatte, kletterte der Dampfdruck bei Dampfmaschinenanlagen nur sehr langsam in die Höhe. War er doch um die Jahrhundertwende erst auf 8 at und am Ende des Weltkrieges auf 16 at angelangt. Erst die Kohlennot nach diesem schuf die Hochdruckdampfmaschine mit 100 at und mehr.

Die Tabelle 14 zeigt, wie im Laufe der Jahre der wirtschaftliche Wirkungsgrad der Dampfmaschine sich immer mehr und mehr verbesserte.

Zahlentafel 14

Wirkungsgrad η_w der Dampfmaschine

Savery	0,003
Newcomen......	0,01
Watt	0,03
1900	0,13
1910	0,20
1921	0,25

Die Dampfmaschine hat zwar in diesem Jahrhundert ihre vorherrschende Stellung verloren, aber sie ist noch nicht tot, wie ihr schon oft prophezeit wurde. Wurde doch noch während dieses Krieges eine Fünfkurbeldampfmaschine von 30000 PS_e von einer deutschen Firma an ein Walzwerk in Mandschuko geliefert. Ihre neueste Entwicklung, der dem Verbrennungsmotor nachgebildete schnellaufende Dampfmotor, wurde leider durch die Kriegsverhältnisse gehemmt.

a) Die Gütegrade

Bei Dampfkraftanlagen läßt sich der wirtschaftliche Wirkungsgrad noch in mehrere Teile aufspalten. Ist G die stündlich der Maschine vom Kessel gelieferte Dampfmenge, die mit einem Wärmeinhalt i_1 in den Zylinder eintritt, während das Kondensat durch die Speisepumpe mit dem Wärmeinhalt i_0 dem Kessel zugeführt wird, so ist

$$Q_1 = G(i_1 - i_0)$$

die Wärme, die dem Dampf im Kessel nutzbar zugeführt wird. Sind ferner L_i und L_e die aus dieser Wärme erhaltenen indizierten und effektiven Arbeiten, so wird

$$\eta_w = \frac{AL_e}{H_u} = \frac{Q_1}{H_u} \cdot \frac{AL_i}{Q_1} \cdot \frac{AL_e}{AL_i}$$

$$= \eta_k \cdot \eta_t \cdot \eta_m .$$

Man nennt η_k den Wirkungsgrad des Kessels und der Dampffernleitung, η_t den thermischen Wirkungsgrad der Dampfmaschine und η_m ihren mechanischen Wirkungsgrad. Ist z. B. $\eta_k = 0{,}80$, $\eta_t = 0{,}20$ und $\eta_m = 0{,}85$, so wird

$$\eta_m = 0{,}80 \cdot 0{,}20 \cdot 0{,}85 = 0{,}136.$$

Während aber η_k und η_m durch Verbesserung sich dem Wert 1 beliebig nähern können, ist η_t durch den II. Hauptsatz eine obere Grenze gesetzt. η_t kann bei umkehrbaren Zustandsänderungen den Wert $(\eta_t)_{\max}$ erreichen, den thermischen Wirkungsgrad der verlustlosen Dampfmaschine. Damit kann man auch setzen

$$\eta_w = \eta_k \cdot \frac{\eta_t}{(\eta_t)_{\max}} \cdot (\eta_t)_{\max} \cdot \eta_m .$$

Setzt man nun

$$\frac{\eta_t}{(\eta_t)_{\max}} = \eta_i$$

und nennt ihn mit Zeuner den indizierten Wirkungsgrad der Maschine, so wird

$$\eta_w = \eta_k \cdot (\eta_t)_{\max} \cdot \eta_i \cdot \eta_m . \tag{28}$$

Der indizierte Wirkungsgrad ausgeführter Maschinen schwankt zwischen 0,4 und 0,95.

Ist B_e der stündliche Brennstoffverbrauch, bezogen auf eine effektive Pferdekraftstunde, so ist

$$W_e = B_e H_u$$

oder

$$B_e = \frac{W_e}{H_u} = \frac{632}{H_u \cdot \eta_w} \text{ kg/PS}_e\text{h} .$$

Zwei Maschinen mit gleichem Kohlenverbrauch sind nur dann gleich gut, wenn sie mit Kohlen gleichen Heizwertes betrieben werden.

Für obiges Beispiel ist

$$W_e = \frac{632}{0{,}136} = 4640 \text{ kcal/PS}_e\text{h} .$$

Bei einem Heizwert der Kohle von 7500 kcalkg^{-1} wird

$$B_e = \frac{4640}{7500} = 0{,}62 \text{ kg/PS}_e\text{h} .$$

Man kann den Wärmeverbrauch auch auf 1 kWh beziehen; dann wird

$$W_e = \frac{860}{\eta_w} .$$

Statt den Wärmeverbrauch auf die dem Kessel zugeführte Wärme zu beziehen, kann man ihn auch auf die Dampfwärme Q_1 zurückführen. Man tut dies dann, wenn man nicht die ganze Wärmekraftanlage, sondern nur den Energieumsatz im Dampfzylinder betrachtet. Dann ist

$$W_e = \frac{632}{Q_1} \text{ kcal/PS}_e\text{h} .$$

Auch kann man den Wärmeverbrauch auf die indizierte Pferdekraftstunde $PS_i h$ beziehen. Es besteht dann die Beziehung

$$W_i = W_e \cdot \eta_m = \frac{632}{\eta_t} ,$$

also für obiges Zahlenbeispiel

$$W_i = \frac{632}{0{,}20} = 3160 \text{ kcal/PS}_i\text{h} .$$

Eine weitere Vergleichsgröße bildet der Dampfverbrauch, bezogen auf eine indizierte oder eine effektive Pferdekraftstunde.

Ist L_i die indizierte Arbeit, die aus 1 kg Dampf gewonnen wird, welcher der Maschine zugeführt wird, so gilt

$$D_i A L_i = 632$$

oder

(29) $$D_i = \frac{632}{AL_i} \text{ kg/PS}_i\text{h} ,$$

wenn D_i der indizierte Dampfverbrauch ist.

Da

$$\eta_t = \frac{AL_i}{Q_1}$$

ist, so wird

$$D_i = \frac{632}{\eta_t \cdot Q_1} .$$

Ist bei obigem Beispiel der Dampfdruck vor der Maschine 16 at abs und die Dampftemperatur 350 °C, so ist nach dem JS-Diagramm $i_1 = 752$ kcal kg^{-1}. Bei einer Speisewassertemperatur von 40 °C wird $i_0 = 40$ und damit

$$Q_1 = 752 - 40 = 712 \text{ kcal kg}^{-1}$$

Deshalb wird der indizierte Dampfverbrauch

$$D_i = \frac{632}{0{,}20 \quad 712} = 4{,}42 \text{ kg/PS}_i\text{h} .$$

Auch der Dampfverbrauch ist nur dann ein Vergleichsmaßstab für mehrere Maschinen, wenn ihre Dampfwärme Q_1 dieselbe ist.

Man spricht bei Wärmekraftmaschinen von einem offenen und einem geschlossenen Prozeß. Bei jenem wird der Maschine dauernd neuer Energieträger zugeführt, so bei der Auspuffdampfmaschine und bei der Verbrennungskraftmaschine. Bei den Maschinen mit geschlossenem Prozeß wird immer wieder dieselbe Wassermenge benutzt, z. B. bei der Maschine mit Oberflächenkondensation. Bei Auspuffmaschinen kann man sich den Dampf aufgefangen, kondensiert und zum Kessel zurückgespeist denken, Man kann so in Gedanken den offenen Prozeß in einen geschlossenen überführen.

b) Der Vergleichsprozeß der Dampfmaschine

Um einen möglichst guten Wirkungsgrad zu erhalten, muß man einen umkehrbaren Kreisprozeß ausführen. Zerlegt man diesen durch Adiabaten in lauter elementare Carnotsche Prozesse, so erkennt man, daß der thermische Wirkungsgrad eines Kreisprozesses ein Maximum wird, wenn er für jeden elementaren Kreisprozeß möglichst groß wird. Dies tritt ein, wenn die Wärme bei möglichst hoher Temperatur T_1 zu- und bei möglichst tiefer Temperatur abgeführt wird. Es ist deshalb am günstigsten, wenn man alle Wärme bei derselben hohen Temperatur T_1 zu- und bei der gleichen tiefen Temperatur T_2 abführt. Man erhält so einen Carnotschen Kreisprozeß. In der Abb. 14 und 15 ist ein solcher ins Naßdampfgebiet eingezeichnet. Er ließe sich gut mit Wasserdampf ausführen, denn die Wärmezu- und Abfuhr müßte ja bei konstantem Druck erfolgen, wie dies bei einer Dampfkraftanlage tatsächlich geschieht. Beide Isobaren müßten dann durch zwei Adiabaten verbunden werden, eine adiabatische Expansion und eine adia-

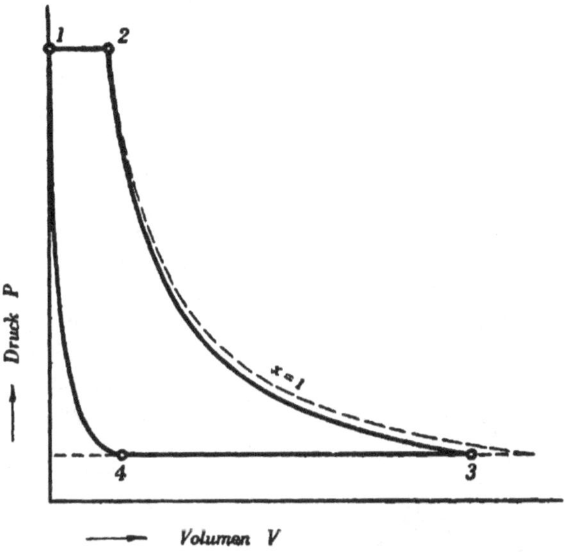

Abb. 14. Carnotprozeß mit Wasserdampf.

batische Kompression. Sie könnten je in einem Zylinder ausgeführt werden. In der Zahlentafel 14 ist der thermische Wirkungsgrad einer nach dem Carnotschen Prozeß arbeitenden Dampfmaschine zusammengestellt.

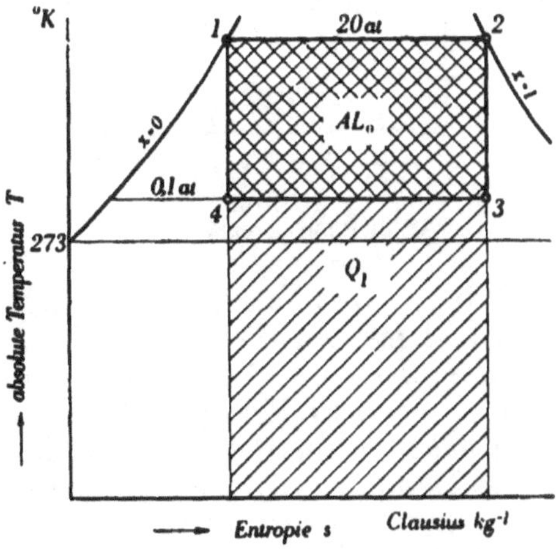

Abb. 15. Carnotprozeß mit Naßdampf.

Man könnte nun die wirkliche Dampfmaschine mit dem Carnotschen Prozeß vergleichen, d. h. man könnte eine Carnot-

Zahlentafel 14

η_t des Carnotprozesses

p_1 at / t_1 °C	6 / 158,1	20 / 211,4	40 / 249,2	100 / 309,5	200 / 364,2
$p_2 = 1$ at	0,137	0,232	0,287	0,360	0,416
0,1 at	0,261	0,343	0,390	0,453	0,501

sche Maschine, die zwischen denselben Druckgrenzen arbeitet wie die wirkliche Maschine, als ideale **Vergleichsmaschine** wählen. Das Verhältnis des thermischen Wirkungsgrades der wirklichen Maschine und der Carnotschen Maschine ergäben dann den indizierten Wirkungsgrad.

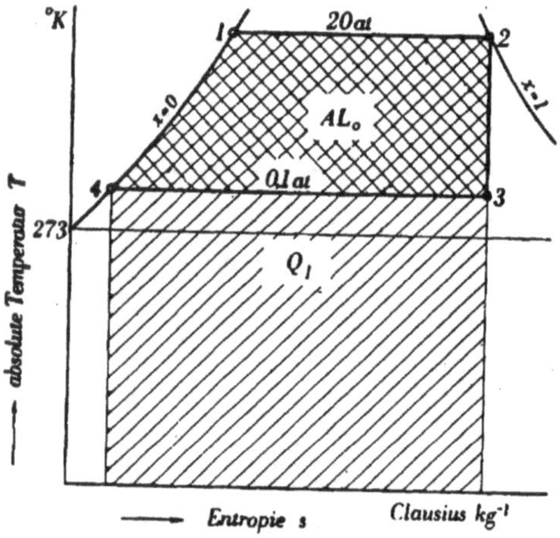

Abb. 16.
Clausius-Rankinescher Prozeß mit Naßdampf.

Die ausgeführte Maschine unterscheidet sich von der Carnotschen Maschine durch das Fehlen des Kompressionszylinders. An seine Stelle tritt die Kesselspeisepumpe. Der Dampf wird im Kondensator vollkommen niedergeschlagen und durch die Pumpe zum Kessel zurückgeführt. Infolge dieser abweichenden Arbeitsweise könnte obiger indizierter Wirkungsgrad auch bei umkehrbaren Arbeiten der Dampfmaschine nie den Wert 1 erreichen. Man benutzt deshalb als **Vergleichsprozeß der Dampfmaschine** den **Clausius-Rankineschen** Kreisprozeß.

Er arbeitet wie der wirkliche Dampfmaschinenprozeß mit einem Dampfkessel, einem Expansionszylinder, einem Oberflächenkondensator und einer Speisepumpe. Im Gegensatz zur ausgeführten Maschine werden die Zustandsänderungen in diesen 4 Apparaten beim Clausius-Rankineschen Prozeß umkehrbar ausgeführt. In der Abb. 16 ist dieser wichtige Vergleichsprozeß im Wärmediagramm dargestellt. Im Diagramm erscheint die gewonnene Arbeit L_0 als Fläche des Kreisprozesses. Außerdem ist auch noch die im Kessel zugeführte Wärme Q_1 dargestellt. Sie setzt sich zusammen aus der Flüssigkeitswärme, die längs der linken Grenzkurve zugeführt wird, und aus der Verdampfungswärme. Sie ist

$$Q_1 = i_2 - i_4.$$

L_0 setzt sich aus 2 Teilen zusammen, aus der im Expansionszylinder gewonnenen Arbeit

$$AL_1 = i_2 - i_3,$$

die am einfachsten aus dem JS-Diagramm, siehe Abb. 18, entnommen wird, und aus der Pumpenarbeit

$$L_2 = v' (P_1 - P_2).$$

Das Indikatordiagramm der verlustlosen Dampfmaschine zeigt die Abb. 17.

Der thermische Wirkungsgrad des Clausius-Rankineschen Prozesses wird mit obigen Werten

$$(30) \quad (\eta_t)_{max} = \frac{AL_0}{Q_1} = \frac{A(L_1 - L_2)}{Q_1} = \frac{i_2 - i_3 - Av'(P_1 - P_2)}{i_2 - i_4}$$

und der Wärmeverbrauch

$$W_0 = \frac{632}{(\eta_t)_{max}}.$$

Die Zahlentafel 15 enthält für verschiedene Kesseldrücke und wechselnde Gegendrücke den thermischen Wirkungsgrad $(\eta_t)_{max}$

Zahlentafel 15

$(\eta_t)_{max}$ des Clausius-Rankineschen Prozesses

p_1 at t_1 °C	6 158,1	20 211,4	40 249,2	100 309,5	225 374
$p_2 = 1$ at	0,130	0,210	0,252	0,298	0,295
0,1	0,240	0,300	0,356	0,371	0,359

In der Praxis ist es meist nicht möglich, eine vollständige Dampfmaschinenanlage zu untersuchen, da die Kesselanlage für die verschiedensten Zwecke Dampf liefert und auch vielfach eine Zentralkondensation für mehrere Kraftmaschinen vorhanden ist. Man untersucht bzw. betrachtet deshalb meist nur das Arbeiten des Dampfes im Dampfzylinder, also nur in der eigentlichen Maschine. Man untersucht damit keinen Kreisprozeß mehr, sondern nur einen offenen Prozeß. Ist L_i die indizierte Arbeit pro 1 kg Dampf im Zylinder und Q_1 die Dampfwärme, so setzt man als thermischen Wirkungsgrad des Dampfzylinders

$$\eta_i = \frac{AL_i}{Q_1};$$

dabei ist

$$AL_i = \frac{632\,Ni}{G},$$

wenn N_i die indizierte Leistung der Maschine in PS und G der stündliche Dampfverbrauch sind. Q_1 ist wie oben der Unterschied des Wärmeinhaltes des Frischdampfes vor dem Einlaßventil der Maschine und des Wärmeinhaltes des Speisewassers. Da man die Speisewassertemperatur meist nicht mißt, ist in der Bestimmung dieses Wärmeinhaltes eine Unsicherheit vorhanden. Manche Schriftsteller setzen ihn gleich Null. Besser ist es, dafür 20 kcal kg^{-1} oder den Wärmeinhalt des Kondensates bei der Sättigungstemperatur im Kondensator zu setzen. Die Arbeit des Vergleichsprozesses setzt man entsprechend

(31) $AL_0 = AL_1 = i_2 - i_3$

bei adiabatischer Expansion, siehe Abb. 17 u. 18.

Damit wird der indizierte Wirkungsgrad einer ausgeführten Maschine

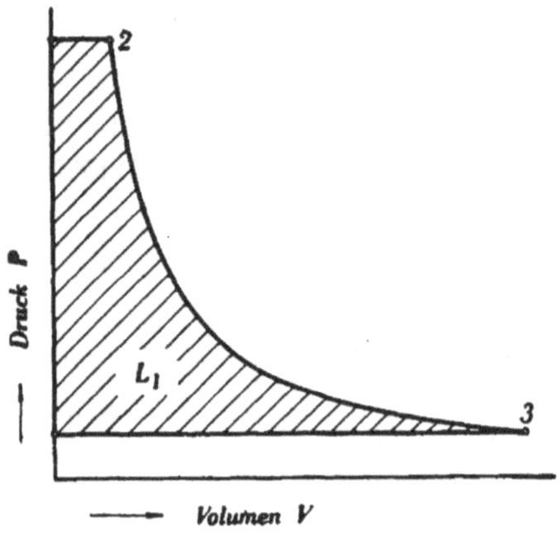

Abb. 17. Expansionsarbeit des Dampfes.

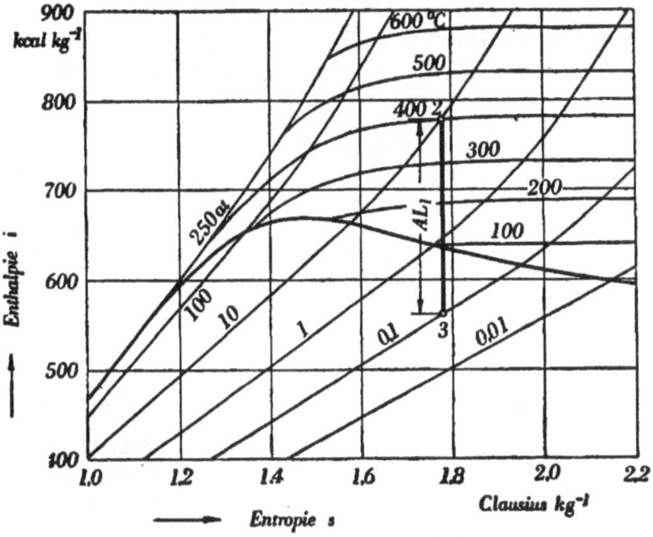

Abb. 18. Expansionsarbeit des Dampfes.

$$\eta_i = \frac{AL_i}{AL_0}. \tag{32}$$

Der Unterschied zwischen L_0 und L_i setzt sich aus den folgenden im Dampfzylinder auftretenden Arbeitsverlusten zusammen:

1. Arbeitsverlust durch unvollständige Expansion,
2. Arbeitsverlust durch schädlichen Raum,
3. Arbeitsverlust durch Wandwirkung,
4. Arbeitsverlust durch Drosselung und Undichtigkeiten,
5. Arbeitsverlust durch Wärmeabgabe an die Umgebung.

Man kann nun leider den Gesamtverlust

$$\Delta L = L_0 - L_i$$

nicht additiv auf diese 5 Verluste aufteilen, da sich die verschiedenen Verluste gegenseitig beeinflussen. Zum Studium derselben bleibt deshalb nichts anderes übrig, als sie einzeln zu behandeln und dabei jeweils von dem Vorhandensein der übrigen abzusehen. So werde im folgenden vorgegangen.

c) Der Verlust durch unvollständige Expansion

Da 1 kg Sattdampf bei 10 at ein spezifisches Volumen von 0,2 m³, bei 1 at von 1,7 m³ und bei 0,06 at von 24 m³ hat, so erkennt man sofort, daß es unmöglich ist, bei Kondensationsmaschinen bis auf den Gegendruck im Zylinder zu expandieren. Man würde dabei viel zu große Maschinenzylinder erhalten. Man muß deshalb die Expansion im Dampfzylinder vor dem Erreichen des Gegendruckes p_2 bei neuem Druck p_3, siehe die Abb. 19, abbrechen. Im Punkte 3 beim Erreichen des Druckes p_3 öffnet sich das Auslaßventil und der Dampf pufft in den Kondensator aus. Im Idealfalle sinkt dabei der Druck bei konstantem Volumen bis auf den Kondensatordruck p_2. Der Arbeitsverlust durch unvollkommene Expansion ist dann gleich der Dreieckfläche 324 der Abb. 19. Seine Größe wird

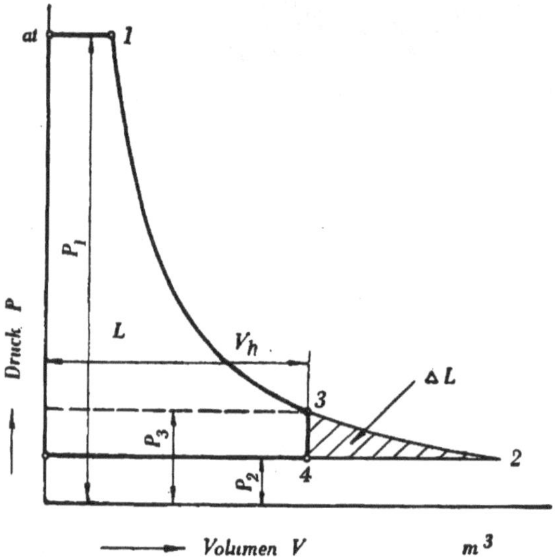

Abb. 19. Verlust durch unvollständige Expansion.

$$\Delta AL = i_3 - i_2 - A(P_3 - P_2)\, v_3.$$

Bei gegebenem Drucke P_3 lassen sich die Werte i_3, i_2 und v_3 aus dem JS-Diagramm ermitteln, da die Punkte 1, 2, 3 dort auf der Adiabate $s = s_1$ liegen. Die Zahlentafel 16 zeigt bei gegebenem Zustand vor der Maschine und bekanntem Kondensatordruck den Arbeitsverlust und den indizierten Wirkungsgrad in Abhängigkeit vom Expansionsdruck. Man entnimmt ihr die Erkenntnis, daß der Verlust durch unvollständige Expansion sehr beträchtlich ist.

Zahlentafel 16

Arbeitsverlust durch unvollständige Expansion

$p_1 = 14$ at, $x_1 = 1$, $p_2 = 0{,}1$ at

p_3 at	0,1	0,5	1,0	1,5	2,0	2,5
$\Delta\, AL$ kcal kg^{-1}	0	21,5	39,0	50,7	59,4	67,0
η_i	1,0	0,878	0,779	0,713	0,663	0,620

d) Der Verlust durch schädlichen Raum

Aus konstruktiven Gründen kann man beim Rückgang des Kolbens nicht allen Dampf in den Kondensator ausschieben. Man muß zwischen Kolbenboden und Deckel des Zylinders den sogenannten schädlichen Raum frei lassen, der dann am Ende des Ausschiebens mit dem Restdampf gefüllt bleibt. Sieht man wieder von allen andern Verlusten ab, so erhält man bei der Dampfmaschine mit schädlichem Raum ein Indikatordiagramm nach Abb. 20. Im schädlichen Raum bleibt Restdampf vom Zustand 2 am Ende der Expansion zurück. Beim Öffnen des Einlaßventils füllt sich dann der schädliche

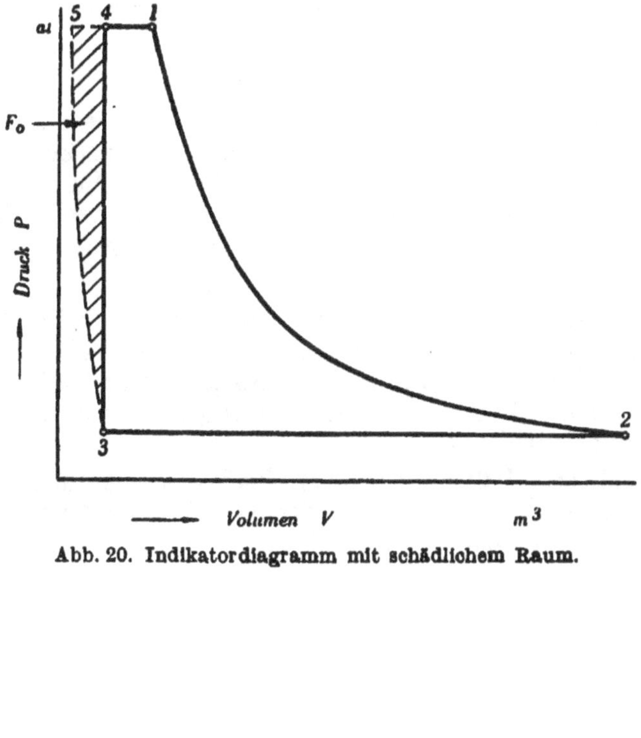

Abb. 20. Indikatordiagramm mit schädlichem Raum.

Raum mit Frischdampf auf den Druck p_1 auf. Der Zustand am Ende der Füllung im Punkte 1 ist wegen der nicht umkehrbaren Mischung des Restdampfes mit dem Frischdampf nicht gleich dem Dampfzustand vor der Maschine. Ist G das Frischdampfgewicht pro Kolbenspiel und Zylinderseite und i_e die Enthalpie des Frischdampfes, so liefert das Energieprinzip, angewandt auf die Füllungsperiode, die Gleichung

$$G i_e + G_0 u_3 = (G + G_0)\, u_1 + A P_1 (V_1 - V_3).$$

Hierin ist G_0 das Restdampfgewicht. Ferner ist $u_3 = u_2$. Dann sind in der Gleichung G, G_0 und u_1 unbekannt. V_1 und V_3 sind gegeben. u_2 ist mit u_1 bestimmt, da im JS-Diagramm die Punkte 1 und 2 auf einer Adiabate liegen. Des weiteren gelten die Gleichungen

$$v_1 = \frac{V_1}{G + G_0} \quad \text{und} \quad v_3 = v_2 = \frac{V_3}{G_0}\,.$$

Durch Auflösung dieser drei Gleichungen erhält man G, G_0 und u_1 und damit die indizierte Arbeit

$$G A L_i = (G + G_0)(i_1 - i_2) - A V_3 (P_1 - P_2)$$

und dann den Arbeitsverlust durch den schädlichen Raum

$$\Delta A L = L_0 - L_i.$$

Aus obigen Gleichungen läßt sich des weiteren eine übersichtliche Beziehung im Pv-Diagramm ableiten. Zieht man in der Abb. 20 durch den Punkt 3 die Adiabate bis zum Eintrittsdruck p_1 und bezeichnet man die so entstehende Fläche 345 mit F_0, so folgt aus obiger Energiegleichung

$$G (i_1 - i_e) = A F_0.$$

Diese Beziehung lehrt zunächst, daß der Wärmeinhalt am Ende der Füllung größer ist als der Wärmeinhalt vor der Maschine. Durch die Füllung wird also der Dampf aufgeheizt; war er vor der Maschine trocken gesättigt, so ist er am Ende der Füllung überhitzt.

Die Fläche F_0 läßt sich nun leicht ins Wärmediagramm übertragen, siehe die Fläche 156 e 1 der Abb. 21. Die Adiabate ist gleich der vertikalen Strecke 12. Mit dem Zustand 2 verläßt

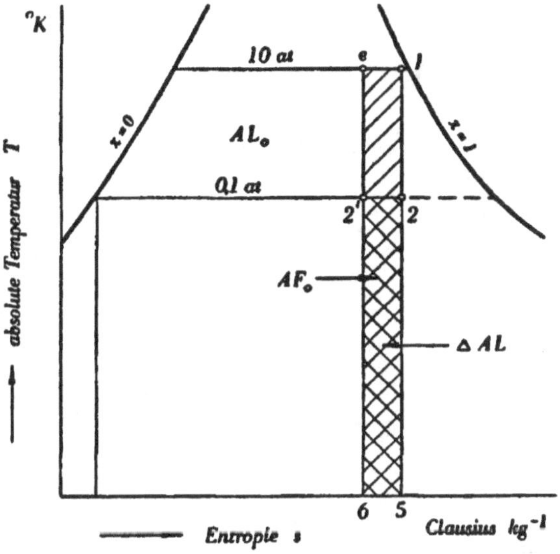

Abb. 21. Verlust durch schädlichen Raum.

der Dampf die Maschine. Der Arbeitsverlust ist nach dem Satz von Gouy-Stodola, s. S. 27,

$$\Delta AL = T_2(s_2 - s_e) = \text{Fläche } 22'\,652,$$

also gleich

$$\Delta AL = \frac{AF_0}{G} \cdot \frac{T_2}{T_1}.$$

Die Fläche $e\,156\,e$ im TS-Diagramm ist also gleich $\frac{AF_0}{G}$. Daraus folgt, daß der Arbeitsverlust durch schädlichen Raum kleiner ist als die Fläche F_0 des Arbeitsdiagramms.

Um den Klopfstoß im Kurbeltrieb zu vermeiden, führte man im Dampfmaschinenbau die Kompression des Restdampfes ein, dadurch, daß man das Auslaßventil vor Hubende schloß. Man erhält dann ein Indikatordiagramm gemäß Abb. 22. Wie oben läßt sich dann zeigen, daß die Fläche F_0 wieder gemäß obiger Gleichung proportional dem Arbeitsverlust ist. Durch die Kompression des Restdampfes kann des-

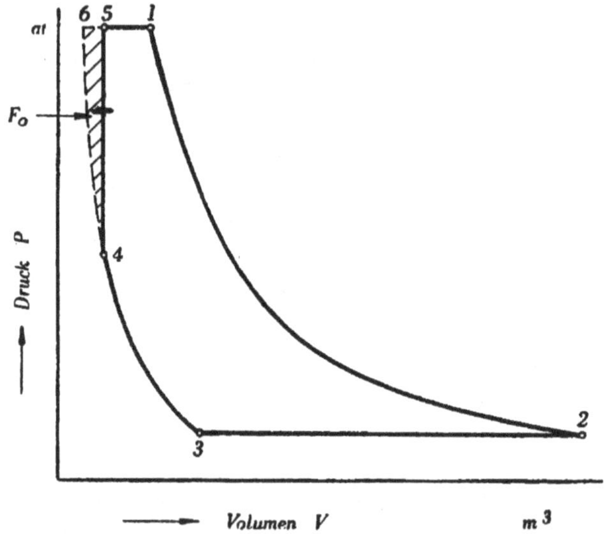

Abb. 22. Indikatordiagramm mit Kompression des Restdampfes.

halb der Arbeitsverlust verkleinert werden und sogar durch Kompression bis auf den Eintrittsdruck ganz zum Verschwinden gebracht werden. Dieses Ergebnis gilt aber nur im idealen Falle bei Abwesenheit von Wärmeaustausch des Dampfes mit der Zylinderwand. Berücksichtigt man während der Füllung die Wandwirkung, so liefert obige Rechnung in Übereinstimmung mit den Versuchsergebnissen einen günstigsten Kompressionsenddruck, bei welchem der Arbeitsverlust ein Minimum wird.

e) Der Arbeitsverlust durch Drosselung

Infolge der Drosselung des Dampfes beim Durchgang durch die Ein- und Auslaßorgane des Zylinders nimmt die Einström- und die Ausströmlinie den in Abb. 23 gezeichneten Verlauf. Es treten dadurch zwei Verluste auf, einer durch die Einlaßdrosselung hervorgerufen, und ein zweiter, beruhend auf der Auslaßdrosselung. Betrachtet man die Flächen F_1 und F_2, so tritt die Fläche F_2 voll als Austrittsverlust auf; die Fläche F_1 ist wieder im Verhältnis T_2/T_1 zu verkleinern, um den Drosselverlust zu erhalten. Diese Verkleinerung rührt davon her, daß der hydraulische Drosselverlust sich in Wärme verwandelt, die dem Dampf als Wärme zugeführt erscheint und dann auf Grund des II. Hauptsatzes während der Expansion zum Teil wieder in Arbeit verwandelt wird.

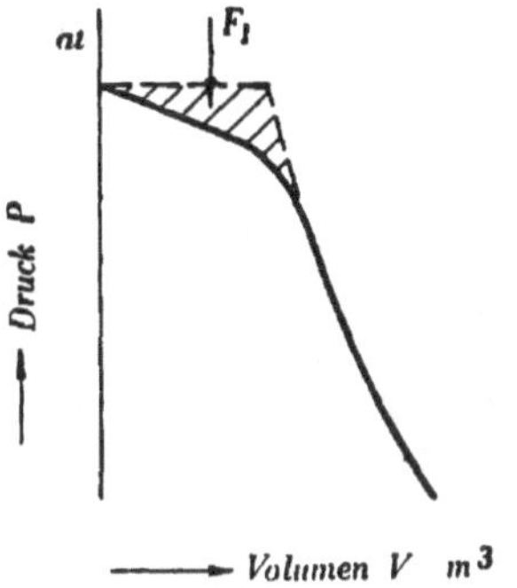

Abb. 23. Verlust durch Eintrittsdrosselung.

f) Die Wandwirkung

Der Arbeitsverlust durch Wandwirkung ist der wichtigste und auch der interessanteste beim Arbeiten des Dampfes im Zylinder. Nimmt man z. B. an, daß der Dampf mit 10 at in den Zylinder ein und mit 0,1 at aus ihm austritt, so schwankt während eines Spieles die Dampftemperatur im Zylinder zwischen 179° C und 45° C, also in sehr weiten Grenzen. Wegen der großen Wärmeübergangszahl für den Wärmeaustausch zwischen dem nassen Dampf und der kalten Zylinderwand (etwa 10000 kcal m^{-2} h^{-1} $^0C^{-1}$) findet ein starker Wärmeübergang statt. In der Abb. 24 sind für ein Beispiel die Dampf- und die Wandtemperaturen während eines Kolbenspieles für eine mit Sattdampf arbeitende Maschine über dem Kolbenhub aufgetragen. Man erkennt daraus, daß während der Füllung dem Dampf Wärme entzogen wird. Durch diese Wärmezufuhr wird

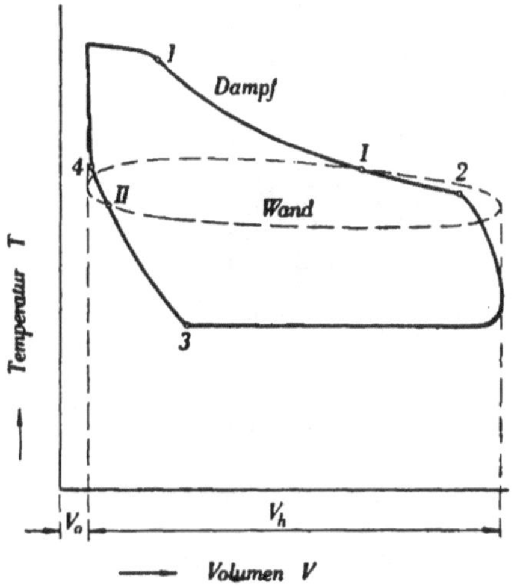

Abb. 24. Dampf- und Wandtemperaturverlauf im Zylinder.

die Wand aufgeheizt, ihre Temperatur steigt an. Während der Expansion sinkt die Dampftemperatur. Damit fällt die Wärmeabgabe an die Wand, deren Temperatur dann auch sinkt. Im Punkte I der Expansion sind dann Dampf- und Wandtemperatur einander gleich, und es findet für ein kurzes Stück des Kolbenweges eine adiabatische Expansion statt. Beim weiteren Verlauf der Ausdehnung des Dampfes und während des ganzen Auspuffes und Ausschubes liegt die Wandtemperatur über der Dampftemperatur, so daß eine Heizung des Dampfes stattfindet. Erst während der Kompression des Restdampfes erreicht die Dampftemperatur wieder die Wandtemperatur. Im zweiten Teil der Kompression findet dann wieder

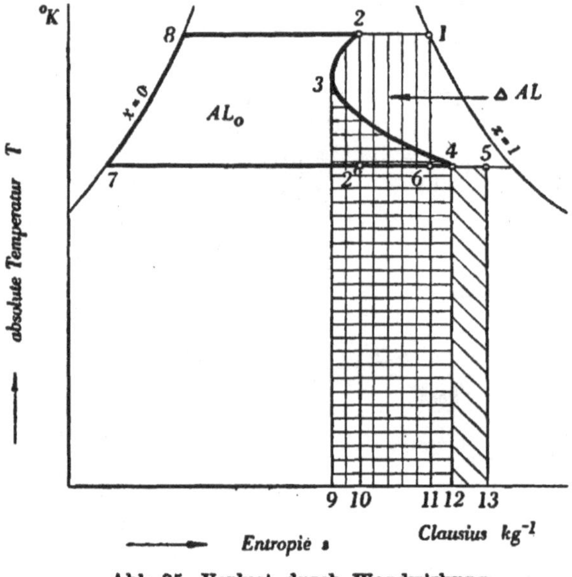

Abb. 25. Verlust durch Wandwirkung.

ein Wärmeübergang vom Dampf an die Wand statt. Während eines Teiles des Arbeitsspieles strömt also Wärme vom Dampf in die Wand und während des übrigen Teiles wird der Dampf von der Wand geheizt. Sieht man von allen sonstigen Verlusten im Zylinder ab, so ergibt sich im Wärmediagramm Abb. 25 der

Linienzug 12345 für die Zustandsänderung. Der trockengesättigte Dampf tritt mit dem Zustand 1 auf der rechten Grenzkurve in den Zylinder ein. Wegen der Wärmeabgabe während der Füllung an die kalte Zylinderwand wird er naß bis zu einem spezifischen Dampfgehalt von fast 50%. Das Wasser schlägt sich dabei an der Zylinderwand in Form einer dünnen Wasserhaut nieder. Im Zustand 2 beginnt dann am Ende der Füllung die Expansion. Im ersten Teil findet auch hier eine Wärmeabgabe statt, so daß die Expansion links von der Adiabate 22′ verläuft. Im Punkte 3 ist dann die Wandtemperatur erreicht, so daß im weiteren Verlauf der Expansion und während des Ausschubes dem Dampf Wärme von der Wand zugeführt wird. Der Dampf wird dadurch getrocknet und kann sogar überhitzt aus dem Zylinder austreten. Der Wärmeaustausch zerfällt also hier in 4 Teile, die im TS-Diagramm als Flächen unter den Strecken 12, 23, 34 und 45 der Zustandskurve des Dampfes erscheinen. Ist der Zylinder vollkommen gegen Wärmeaustausch mit der Umgebung isoliert, so ist während eines Spieles die Wärmeaufnahme der Wand gleich ihrer Wärmeabgabe an den Dampf. Damit erscheint der Arbeitsverlust durch Wandwirkung ΔAL gegenüber der Arbeit des Clausius-Rankine-Prozesses in der Fläche 1234561 und findet sich dann wieder im Auspuffdampf in der Fläche 5 13 11 6 5. Die pro Spiel zwischen Dampf und Wand ausgetauschte Wärme nennt man die fluktuierende Wärme.

g) Die kalorimetrische Untersuchung der Dampfmaschine

Die Bestimmung des Wärmeaustausches zwischen dem Dampf und der Zylinderwand kann durch die von Hirn angegebene und von Zeuner vervollkommnete kalorimetrische Untersuchung geschehen. Man geht bei ihr von einem Maschinenversuch aus und mißt dabei den Dampfzustand vor der Maschine, den Gegendruck, den Dampfverbrauch, die indizierte Leistung und die Größe des schädlichen Raumes. Man legt der Untersuchung dann ein mittleres Indikatordiagramm, siehe. Abb. 26, zugrunde, in welchem man

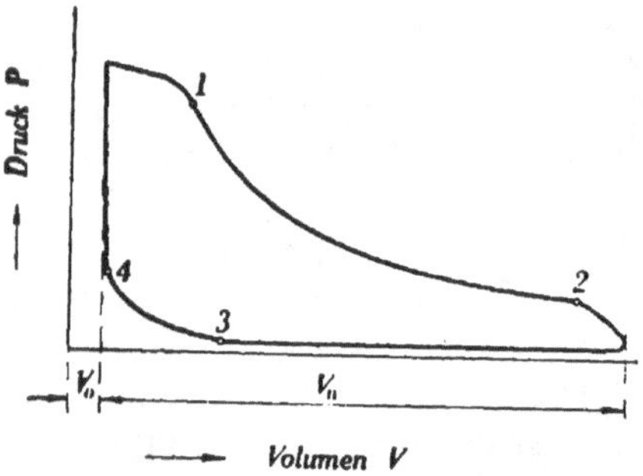

Abb. 26. Indikatordiagramm.

die vier markanten Punkte des Kolbenspieles wie Beginn und Ende der Füllung, Ende der Expansion und Beginn der Kompression anmerkt. Die Hauptaufgabe der kalorimetrischen Untersuchung besteht dann darin, für die vier Abschnitte des Spieles Füllung, Expansion, Ausschub und Kompression die zwischen dem Dampf und den Zylinderwänden ausgetauschte Wärme pro Spiel zu ermitteln. Aus dem Dampfverbrauch ist zuerst die pro Spiel und Kolbenseite in den Zylinder eintretende Dampfmenge G zu berechnen. Die Restdampfmenge berechnet sich aus der Gleichung

$$G_r = \frac{V_3}{v_3}.$$

Zur Berechnung von v_3 am Beginn der Kompression ist eine Annahme über den Dampfzustand nötig. Zeuner nimmt an, daß dort im Zylinder trockengesättigter Dampf vorhanden ist. Außerdem wird angenommen, daß während des ganzen Spieles zwischen Dampf und Wasser thermodynamisches Gleichgewicht besteht. Ist Q_{41} die während der Füllung dem Dampf pro Spiel und Kolbenseite von den Wandungen zugeführte Wärme, so gilt die Energiegleichung

$$G_r u_4 + G i_e + Q_{41} = (G + G_r)\, u_1 + A L_{41},$$

wenn L_{41} die während der Füllung geleistete Arbeit ist, die aus dem Indikatordiagramm berechnet wird. Der Zustand im Punkt 1 ergibt sich aus der Gleichung

$$(G + G_r)\, v_1 = V_1.$$

Eine entsprechende Gleichung gilt für den Zustand im Punkt 4. Die obige Gleichung nach Q_{41} aufgelöst, ergibt die Wandwirkung während der Füllung. Entsprechende Gleichungen ergeben sich für die anderen Teile des Spieles.

In der Zahlentafel 17 sind als Beispiel nach Versuchen von Heinrich diese 4 Wärmemengen bezogen auf 1 kg Frischdampf an einer mit Sattdampf arbeitenden Maschine zusammengestellt.

Zahlentafel 17

Kalorimetrische Untersuchung

$p_1 = 8{,}2$ at $p_2 = 0{,}15$ at

Q_{41}	kcal kg^{-1}	— 157
Q_{12}		57
Q_{23}		102
Q_{34}		5,4

Die Zahlentafel zeigt, daß die größte Wärmemenge während der Füllung ausgetauscht wird. Sie wird dem eintretenden Dampf entzogen. Die übrigen Wärmemengen werden von der Wand an den Dampf übertragen. Da die Maschine mit Mantelheizung versehen war, ist ihre Summe größer als Q_{41}.

Nach neueren Versuchen von Ulsamer an einer Gleichstromdampfmaschine herrscht im Zylinder kein Gleichgewichtszustand, sondern es ist neben Wasser immer überhitzter Dampf vorhanden. Auch war bei dieser Maschine $x_3 = 0{,}57$.

Auch für die Untersuchung des Arbeitsvorganges in Kolbenkompressoren und Verbrennungskraftmaschinen leistet die kalorimetrische Untersuchung sehr gute Dienste.

h) Das Verfahren von Krauß-Boulvin

Dieses Verfahren bildet das Indikatordiagramm ins Wärmediagramm ab. Dieser Gedanke, der zunächst etwas bestrickendes für sich hat, wurde zuerst von Krauß in die Tat umgesetzt. Boulvin gab später ein graphisches Verfahren dafür an. Man muß zunächst beachten, daß das Wärmediagramm mit seinen lehrreichen Eigenschaften nur für eine konstante Dampfmenge gilt, ebenso wie auch das Pv-Diagramm. Dies ist aber beim Indikatordiagramm nicht der Fall. Nur je während der Expansionsperiode bzw. während der Kompression ist die Dampfmenge im Zylinder konstant, und zwar gleich $G + G_r$ bzw. G_r. Sie ist also in beiden Fällen sehr verschieden. Während der Füllung und während des Ausschubes ändert sie sich dauernd. Krauß und Boulvin nehmen nun an, daß das Indikatordiagramm ein Pv-Diagramm ist. Sie betrachten also einen umkehrbaren Kreisprozeß mit der während der Expansion im Zylinder enthaltenen Dampfmenge $(G + G_r)$ dessen Abbildung im Pv-Diagramm mit dem Indikatordiagramm übereinstimmt. Dieser Ersatzprozeß hat mit dem tatsächlichen Dampfmaschinenprozeß die Arbeit pro Spiel gemeinsam und den Verlauf der Expansionslinie. Die übrigen Zustandsänderungen, insbesondere die Wärmezufuhr, verlaufen bei beiden ganz verschieden, insbesondere haben sie ganz verschiedenen thermischen Wirkungsgrad. Verläuft der Prozeß im Naßdampfgebiet, so gilt für die Abbildung die Gleichung

$$v' + x(v'' - v') = \frac{V}{G + G_r},$$

aus der x zu berechnen ist, wodurch die Abbildung eines Punktes des Indikatordiagramms ins Wärmediagramm gegeben ist. Auf ihr beruht auch das graphische Verfahren von Boulvin. Es leistet aber viel weniger als die kalorimetrische Untersuchung, so daß dasselbe keinen Fortschritt darstellt.

i) Die Temperaturschwankungen in der Zylinderwand

Es ist das Verdienst von Kirsch, zuerst auf Grund der Fourierschen Theorie der Wärmeleitung den Temperaturverlauf in der Zylinderwand und daraus die fluktuierende Wärme berechnet zu haben.

Ist x die Koordinate im Eisen von der inneren Oberfläche aus gezählt und z die Zeit, so erfüllt nach der Gleichung S. 38 der Ansatz

$$u_0 + A\, e^{-x\sqrt{\frac{q}{2a^2}}} \cos\left(qz - \sqrt{\frac{q}{2a^2}}\, x + \varphi_0\right)$$

die Differentialgleichung der Wärmeleitung. Hierin sind A, q, φ_0 und u_0 zunächst unbekannte Konstanten. Nimmt man weiter an, daß die Wand außen gut gegen Wärmeabgabe isoliert ist und ersetzt man näherungsweise die Temperaturschwingung des Dampfes pro Spiel durch eine Sinuskurve, deren extreme Werte gleich den Sättigungstemperaturen t_1 und t_2 bei dem Eintritts- und Austrittsdruck des Dampfes sind, so wird die halbe Amplitude der Schwingung der Dampftemperatur $B = \frac{t_1 - t_2}{2}$. Damit wird die Größe A

$$A = \frac{B}{\sqrt{1 + 2b + 2b^2}},$$

wenn $q = 120\pi n$ und $b = \frac{\lambda}{\alpha}\sqrt{\frac{q}{2a^2}}$ sind. n ist hierin die Tourenzahl der Maschine. Ferner wird $u_0 = \frac{t_1 + t_2}{2}$.

Mit $\lambda = 45$, $c = 0{,}115$, $\gamma = 7250$ und $\alpha = 10000$ wird dann die fluktuierende Wärme pro Flächeneinheit

$$\frac{Q}{F} = \frac{10\,(t_1 - t_2)}{\sqrt{n}\,(1 + 0{,}141\,n + 0{,}53\sqrt{n})}\;\frac{\text{kcal}}{\text{m}^2\ \text{Spiel}}.$$

Die Abb. 27 zeigt den so gewonnenen örtlichen Temperaturverlauf in der Wand. Die Zahlentafel 18 enthält, für $t_1 = 186^0$ und $t_2 = 46^0$ abhängig von der Umdrehungszahl, die Temperaturschwankung an der inneren Oberfläche der Wand und die fluktuierende Wärme pro Spiel.

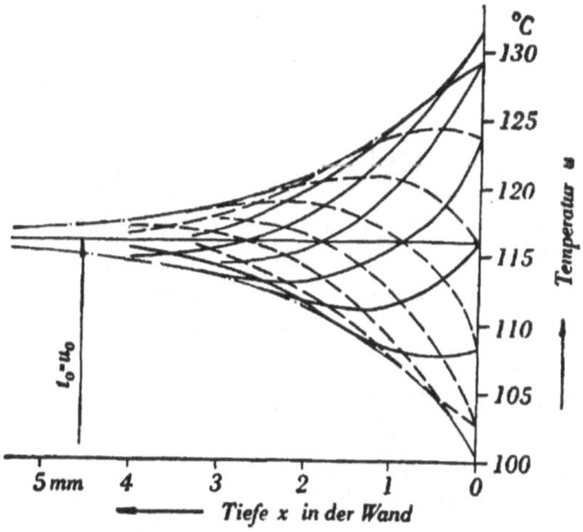

Abb. 27. Temperaturverlauf in der Wand für verschiedene Kurbelwinkel.

Zahlentafel 18
Temperaturschwingung

n min^{-1}	50	100	500	2000
$2B$ °C	20,4	15,5	7,7	4,0
$\frac{Q}{F}\,\frac{\text{kcal}}{m^2}$	57,6	31,0	6,9	1,6

Die in dieser Zahlentafel enthaltene Größe $2B$ für die Amplitude der Temperaturschwingung in der Zylinderwand wurde durch Versuche von Callendar gut bestätigt. Aber eine andere Folgerung der Theorie, nach der die mittlere Wandtemperatur u_0 mit der mittleren Dampftemperatur übereinstimmt, wird durch Versuche nicht bestätigt. Jene ist viel höher wie diese. Nadal schloß daraus, daß die Wärmeübergangszahl während eines Spieles nicht konstant sein kann, sondern während der Füllung größer sein muß wie während der übrigen Teile eines Spieles. Aus Versuchen von Hirn schloß er, daß

während der Füllung $\alpha_{41} = 49000$ kcal m^{-2} h^{-1} ^{0}C^{-1}
und während der Expansion $\alpha_{12} = 3600$ kcal m^{-2} h^{-1} ^{0}C^{-1}
wird.

k) Mittel zur Verringerung der Wandwirkung

Da nach der Formel die fluktuierende Wärme proportional der vom Dampf bespülten Fläche der Wand ist, muß man also zur Verminderung der Wandwirkung die Größe der schädlichen Flächen möglichst klein halten. Diese Forderung ist von den Konstrukteuren nur sehr zögernd erfüllt worden.

Weiter fordert obige Theorie, daß man namentlich die Wärmeabgabe an die Wand während der Füllung verkleinern muß. Dies kann erreicht werden durch die Verminderung des Temperaturunterschiedes zwischen Dampf und Wand. Ein einfaches Mittel hierzu liefert der Dampfmantel, der mit Frischdampf geheizt wird. Er wurde schon von Watt verwendet, geriet aber dann wieder in Vergessenheit. Durch Hirn wurde er dann wieder eingeführt. Dadurch vermindert sich der Dampfverbrauch um etwa 15%.

Je größer die Füllung einer Maschine ist, desto kleiner ist die auf 1 kg Dampf entfallende schädliche Fläche, desto kleiner ist die Eintrittskondensation. Anderseits nimmt mit steigender Füllung wegen des hier größeren Expansionsenddruckes der Verlust durch unvollständige Expansion zu. Es gibt deshalb für jede Maschine eine günstigste Füllung, bei der die Arbeitsverluste ein Minimum sind, siehe Abb. 28.

Aus obiger Gleichung für die Wandwirkung folgt, daß sie proportional der Temperaturdifferenz zwischen Eintritts- und

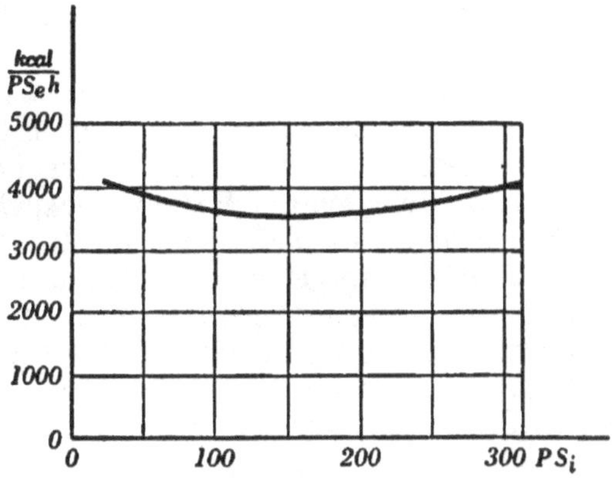

Abb. 28.
Wärmeverbrauch der Van der Kerchove - Maschine, abhängig von der Leistung bei Sattdampfbetrieb.

Austrittstemperatur des Dampfes ist. Verkleinert man sie, so wird die Wandwirkung kleiner. Diese Folgerung führt zur Mehrzylindermaschine. Man teilt bei ihr das gesamte zur Verfügung stehende Wärmegefälle auf mehrere Zylinder auf, die der Dampf der Reihe nach durchströmt. Man erhält für jeden Zylinder eine kleinere Temperaturdifferenz und damit eine kleinere Wandwirkung. Zwischen zwei aufeinanderfolgenden Zylindern muß man einen Aufnehmer (Receiver) einschalten, um ein richtiges Zusammenarbeiten der verschiedenen Zylinder zu erhalten. Der Aufnehmer wird zweckmäßig mit Frischdampf geheizt, um die Verluste im Niederdruckzylinder zu vermindern. Der Hochdruckzylinder arbeitet günstiger als der Niederdruckzylinder, da er kleinere schädliche Flächen hat und der Verlust durch unvollkommene Expansion bei ihm geringer ist. Bei Versuchen an Mehrzylindermaschinen werden die Indikatordiagramme mit gleichem Hub aufgezeichnet. Zeichnet man sie auf den gleichen Volumen- und Druckmaßstab um, so erhält man die rankinesierten Diagramme, s. die Abb. 29.

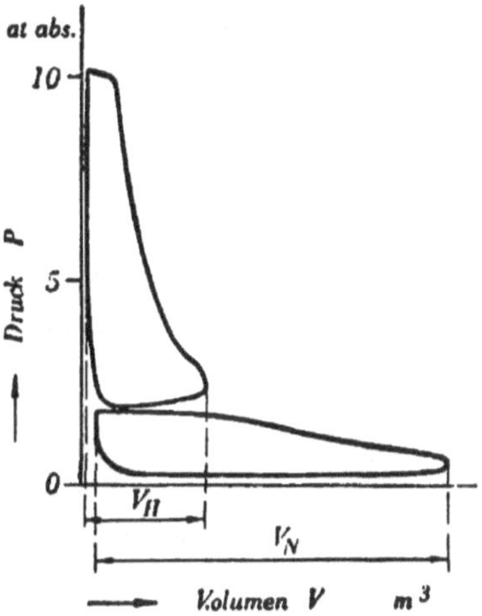

Abb. 29. Rankinesierte Diagramme einer 250 PS Tandemmaschine von Van der Kerchove.

Die Kolbendampfmaschine hat den Nachteil, daß sie das Vakuum des Kondensators schlecht ausnützt. Es ist deshalb zwecklos mit sehr gutem Vakuum zu arbeiten.

Ein weiteres und sehr erfolgreiches Mittel zur Verkleinerung der Wandwirkung lieferte die Einführung des überhitzten Dampfes, die auch auf Hirn zurückgeht und besonders von W. Schmidt sehr gefördert wurde. Die Überhitzung geschieht im Dampfkessel dadurch, daß der im Verdampfer erzeugte trockengesättigte Dampf in einem Rohrsystem durch die Rauchgase isobar in überhitzten Dampf verwandelt wird. Die Abb. 30 zeigt im Wärmediagramm den Clausius-Rankineschen Prozeß mit überhitztem Dampf. Aus der Zahlentafel 19 ist die Verbesserung des thermischen Wirkungsgrades des verlustlosen Prozesses durch die Überhitzung zu ersehen.

Zahlentafel 19

Clausius-Rankine-Prozeß mit Überhitzung

$p_1 = 14$ at $\quad p_2 = 0{,}1$ at

t_1 °C =	194	250	300	400	500
$(\eta_t)_0$	0,285	0,287	0,294	0,307	0,324

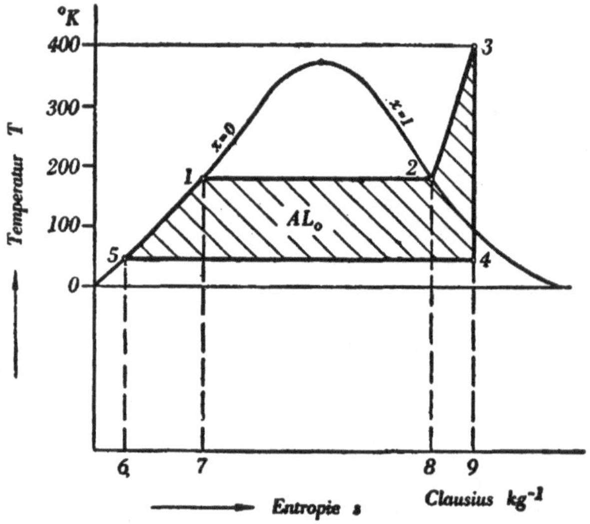

Abb. 30. Clausius-Rankine-Prozeß mit überhitztem Dampf.

Aus der Zahlentafel 19 folgt, daß durch die Überhitzung des Dampfes bei kleinen Überhitzungen nur eine geringe Verbesserung eintritt. Erst bei größeren Überhitzungen wirkt sie sich günstig aus.

Bei der ausgeführten Maschine zeigt sich ein viel stärkerer Einfluß der Überhitzung. Dies drückt sich aus im Anwachsen des indizierten Wirkungsgrades, wie dies die Abb. 31 zeigt. Bei sehr starker Überhitzung — man kann bis 450° C gehen — verläuft dann der Arbeitsprozeß ganz im überhitzten Dampfgebiet und man erreicht Werte des indizierten Wirkungsgrades von 90% und darüber. Diese günstige Wirkung des überhitzten Dampfes ist durch die geringe Wärmeübergangszahl des überhitzten Dampfes gegenüber dem gesättigten Dampf zu erklären. Die Wandwirkung wird hier viel geringer, wenn die Wandtemperatur über der Sättigungstemperatur liegt, so daß sich kein Wasser an der Zylinderwand niederschlägt. Die günstige Wirkung der kleinen Überhitzungen läßt sich aber damit nicht erklären, da nach der Wasserhauttheorie, solange die Wandtemperatur unter der Sättigungstemperatur liegt, auch bei überhitztem Dampf sich eine Wasserhaut bildet und dann hier sogar mehr Wärme übergehen müßte als bei gesättigtem Dampf. Es kann daher z. Z. die günstige Wirkung selbst kleiner Überhitzungen mit den Lehren des Wärmeüberganges noch nicht erklärt werden. Die Zahlentafel 20 zeigt den günstigen Einfluß der Überhitzung bei einer Verbundmaschine.

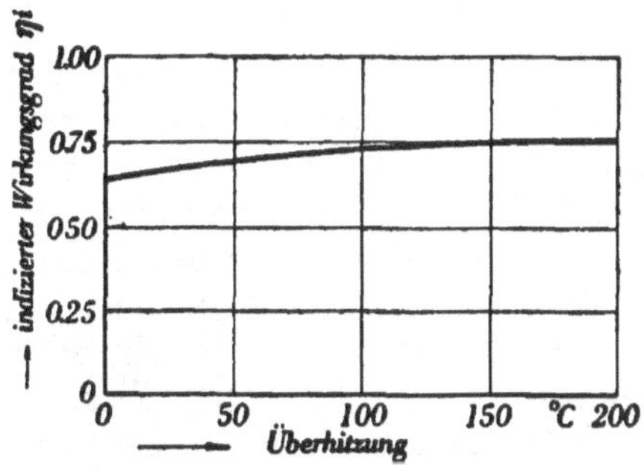

Abb. 31. Einfluß der Überhitzung auf den indizierten Wirkungsgrad.

Diese guten Werte des indizierten Wirkungsgrades bei Mehrzylindermaschinen wurden erkauft mit einem verwickelten Aufbau der Maschine. Es war deshalb sehr zu begrüßen, als durch die Gleichstromdampfmaschine von Stumpf wieder eine wesentliche konstruktive Vereinfachung erzielt wurde, da sie

Zahlentafel 20

Einfluß der Überhitzung an einer Van der Kerchove-Maschine von 250 PS

$p_1 = 10$ at $p_2 = 0{,}07$ at

$t_1 - t_s$	0	24	54	84	123	173
W_i kcalPS_ih^{-1}	3593	3509	3405	3372	3181	2977
η_t	0,176	0,180	0,185	0,187	0,198	0,212
η_i	0,656	0,662	0,677	0,677	0,703	0,734

wieder zur Einzylindermaschine zurückführte. Das Wesen der Stumpfmaschine besteht darin, daß die Maschine keine Auslaßventile besitzt, sondern daß der Dampfauslaß am Ende des Hubes vom Kolben selbst durch Auslaßschlitze gesteuert wird. Beim Rückgang des Kolbens beginnt dann nach dem Überdecken der Schlitze die Kompression. Die Maschine arbeitet deshalb mit sehr frühem Kompressionsbeginn und bedarf deshalb eines sehr guten Vakuums. Stumpf nannte die Maschine deshalb Gleichstromdampfmaschine, weil der Dampf nur jeweils in der Richtung der Kolbenbewegung durch den Zylinder strömt und nicht beim Ausschub zum Einlaßventil zurückgedrängt wird. Er behauptet, daß dadurch die günstige thermische Wirkung seiner Maschine zu erklären sei.

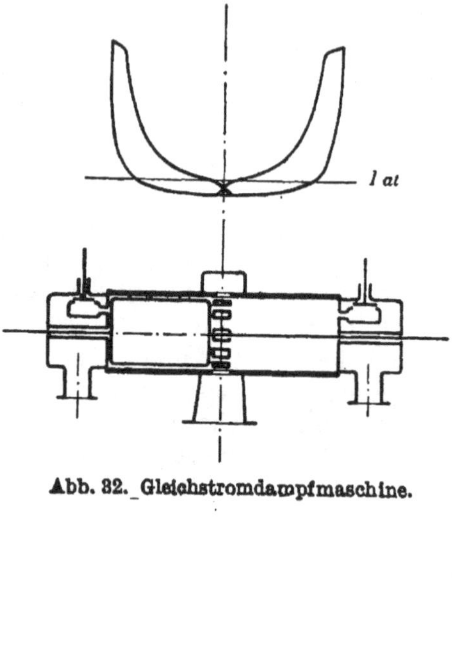

Abb. 32. Gleichstromdampfmaschine.

Es werde der Deckel nicht durch den kalten Auspuff gekühlt. Vergleichende Versuche von Bomke an einem Zylinder alter Bauart mit Auslaßventilen und einem Gleichstromzylinder haben gezeigt, daß der bessere indizierte Wirkungsgrad auf den kleineren schädlichen Flächen beruht, die durch den Wegfall des Auslaßventiles und den Einbau des Einlaßventiles in den Zylinderdeckel entstehen. Günstig ist ferner, daß die Lauffläche einer Zylinderseite nicht durch den kalten Abdampf der andern Seite gekühlt wird. Die Abb. 32 zeigt Indikatordiagramme und Schnitt durch einen Gleichstromzylinder.

§ 8. Die Dampfturbine

Die Arbeitsweise einer Dampfturbine besteht wie bei einer Wasserturbine darin, daß in festen Leitdüsen oder Leiträdern die Expansionsarbeit des Dampfes zuerst in kinetische Energie verwandelt wird, die dann beim Durchströmen der Schaufeln der Laufräder dem Dampf entzogen und in Form von mechanischer Arbeit an die Welle der Turbine abgegeben wird.

a) Einteilung und Arten der Dampfturbinen

Man unterscheidet dabei Aktions- oder Gleichdruckturbinen und Reaktions- oder Überdruckturbinen. Gleichdruckturbinen sind solche, bei welchen das gesamte zur Verfügung stehende Wärmegefälle in den Leitdüsen in kinetische Energie verwandelt wird. Der thermische Vorgang der Umsetzung von Wärme in Arbeit findet hier also nur in den Leiträdern statt. Im Laufrad treten nur mechanische Vorgänge auf; es wird da dem Dampf durch entsprechende Gestaltung der Schaufeln die kinetische Energie entzogen. Da die Dampfexpansion in den festen Leiträdern zu Ende ist, herrscht im Spalt zwischen Leit- und Laufrad derselbe Druck wie hinter dem Laufrad. Bei der Überdruckturbine wird dagegen auch im Laufrad ein Teil des Wärmegefälles in Arbeit verwandelt. Es ist hier deshalb ein Spaltüberdruck gegenüber dem Druck nach der Turbine vorhanden. Man versteht unter dem Reaktionsgrad einer Turbine das Verhältnis des im Laufrad in Arbeit umgesetzten Gefälles zum gesamten von der Turbine verarbeiteten Gefälle.

Strömt der Dampf in der Richtung der Turbinenwelle durch die Turbine hindurch, so spricht man von einer Axialturbine; strömt er in radialer Richtung hindurch, so liegt eine Radialturbine vor.

Strömt am ganzen Radumfang Dampf durch das Laufrad, so liegt eine vollbeaufschlagte Turbine vor; wird dagegen nur ein Teil des Radumfanges von Dampf durchflutet, so hat man eine partielle Beaufschlagung.

Ein zusammengehöriges Paar von Leit- und Laufrädern nennt man die Druckstufe einer Turbine. Es gibt ein- und mehrstufige Turbinen.

Sind alle Stufen in einem Gehäuse untergebracht, so liegt eine eingehäusige Turbine vor; sind sie aber auf mehreren Gehäuse aufgeteilt, so spricht man von einer Mehrgehäuseturbine. Dabei können die Gehäuse auf einer Welle sitzen oder auf mehrere Wellen aufgeteilt sein. In diesem Fall kann man die Wellen mechanisch oder elektrisch kuppeln.

Man unterscheidet außerdem Auspuffturbinen, Kondensationsturbinen und Turbinen mit Zwischendampfentnahme. Bei dieser wird Dampf für andere technische Zwecke zwischen zwei Stufen entnommen.

Zwei Vorzüge hat die Dampfturbine vor der Kolbendampfmaschine. Sie nützt das Vaku-

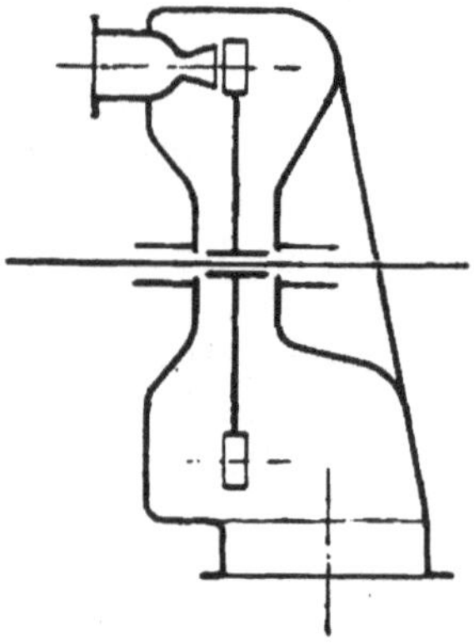

Abb. 33.
Schema einer de Laval-Turbine.

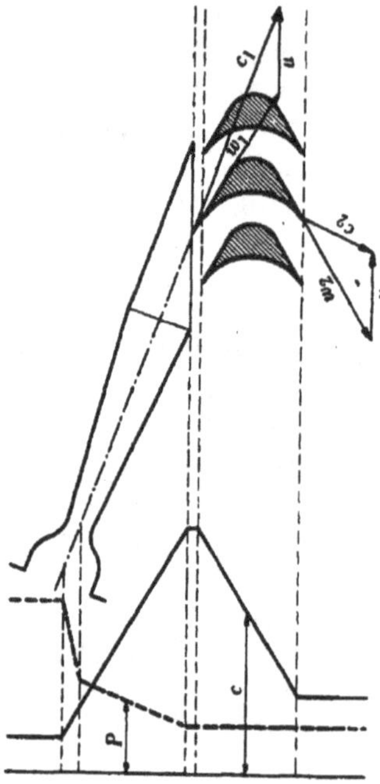

Abb. 34.
Schaufelplan einer de Laval-Turbine.

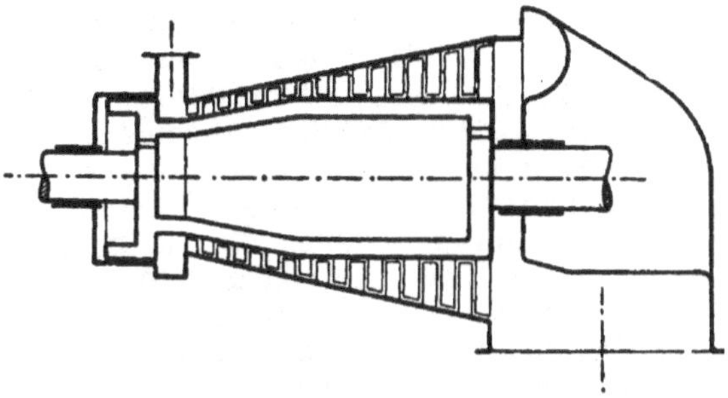

Abb. 35. Schema einer Parsonsturbine.

um des Kondensators besser aus und kann bis zu sehr großen Einheiten gebaut werden. In Kraftwerken gibt es Dampfturbinen von über 200000 KW pro Einheit.

Die erste Dampfturbine erschien im Jahre 1883, gebaut von de Laval. Sie ist eine einstufige, partiell beaufschlagte, axiale Aktionsturbine. Wegen der hohen Tourenzahl von 30000 pro Minute mußte sie mit einem Vorgelege von der Übersetzung 1:10 versehen werden. Die Abb. 33 zeigt das Schema der Lavalturbine und die Abb. 34 den Schaufelplan mit Druck- und Geschwindigkeitsverlauf.

Ein Jahr später erschien die Parsonsturbine auf dem Markt. Sie ist eine vollbeaufschlagte axiale Überdruckturbine mit sehr vielen Stufen. Ihr Reaktionsgrad ist $^1/_2$. Die vielen Laufschaufeln sind auf einer Trommel aus Stahlguß, die Leitschaufeln am Gehäuse befestigt. Die Abb. 35 zeigt den Aufbau und Abb. 36 den Schaufelplan einer solchen Turbine.

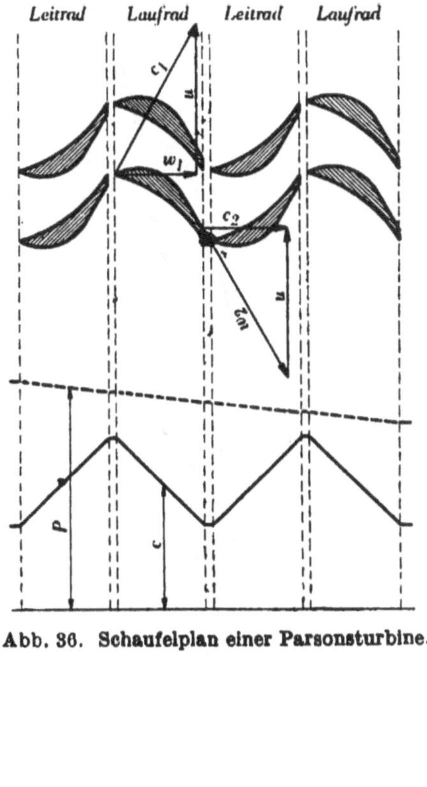

Abb. 36. Schaufelplan einer Parsonsturbine.

Im Jahre 1896 wurde die Curtisturbine bekannt. Sie erschien in 2 Bauweisen. Bei der einen wurden in einem Gehäuse 2 bis 4 hintereinander geschalteter Druckstufen mit gemeinsamer Welle untergebracht. Jede Stufe bildete eine de Lavalturbine, die durch Zwischenböden voneinander getrennt waren. Außerdem führte Curtis das Laufrad mit mehreren Geschwindigkeitsstufen ein. Es werden hier auf dem Laufradkranz mehrere Schaufelkränze befestigt unter Zwischenschaltung von Leitradkränzen, die fest im Gehäuse sitzen. Durch diese Anordnung wird dem Dampf die in den Leitdüsen erzeugte hohe Geschwindigkeit in mehreren Stufen entzogen. Man spricht dann von einem Laufrad mit mehreren Geschwindigkeitsstufen. Die Abb. 37 zeigt den Schaufelplan eines solchen Curtisrades mit mehreren Geschwindigkeitsstufen.

Bei der Curtisturbine mit mehreren Gleichdruckstufen setzt sich die in jedem Laufrad nicht in Arbeit umgesetzte kinetische Auslaß-

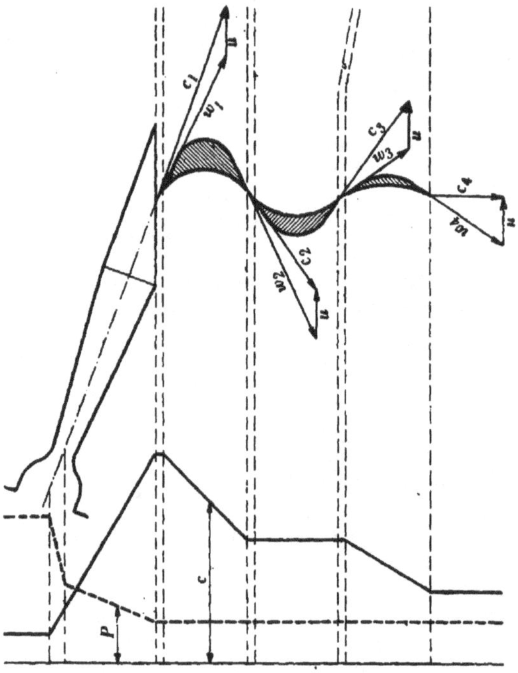

Abb. 37. Schaufelplan eines Curtisrades

energie im Gehäuse durch Wirbelung in Wärme um. Man spricht hier von einer Druckstufe ohne Ausnützung der Auslaßenergie.

Bei der Zöllyturbine aus dem Jahre 1903 sind auch größere Anzahlen von Gleichdruckstufen vorhanden, deren Wärmegefälle dadurch bestimmt ist, daß in jeder Stufe nur auf das kritische Druckverhältnis expandiert wird. Man erhält dann keine Lavaldüsen wie bei der Laval- und Curtisturbine, sondern Düsen, deren Mündungsquerschnitt auch der engste Querschnitt ist. Man nennt sie Zöllymündungen. Während bei der Curtisturbine nur 2 bis 4 Druckstufen vorhanden sind, besitzt die Zöllyturbine 10 bis 20 Druckstufen. Ferner sind bei der Zöllyturbine die einzelnen Druckstufen so eng aneinander gebaut, daß die Auslaßenergie einer Stufe in der nächsten Stufe ganz oder teilweise ausgenützt wird. Man nennt eine solche Stufe eine Druckstufe mit Ausnützung der Auslaßenergie.

Aus diesen vier Grundtypen der Dampfturbinen haben sich die kombinierten Turbinen entwickelt. Fast alle Dampfturbinen besitzen im Hochdruckteil ein 2 kränziges Curtisrad. Der vielstufige Niederdruckteil wird dann als Zölly- oder Parsonsturbine ausgebildet.

b) Die Dampfströmung mit Reibung

Im idealen Grenzfalle würde der Dampf in der Dampfturbine adiabatisch expandieren. Deshalb ist der verlustlose Vergleichsprozeß der Dampfturbine auch der Clausius-Rankinesche Prozeß wie bei der Kolbendampfmaschine. Bei gleichen Druckgrenzen ist deshalb der thermische Wirkungsgrad des Vergleichsprozesses beider Maschinen gleich. Betrachtet man wieder nur den Arbeitsprozeß in der Turbine selbst, so ist die adiabatische Arbeit gleich dem aus dem JS-Diagramm abgreifbaren Wärmegefälle

$$AL_0 = H_0,$$

siehe Abb. 38. Die Arbeit, welche der Dampf an die Schaufeln abgibt, bezeichnet man als die Arbeit am Radumfang. Der Wirkungsgrad am Radumfang ist dann

$$\eta_u = \frac{L_u}{L_0} = \frac{H_u}{H_0}, \tag{33}$$

wenn H_u das als Arbeit am Radumfang erscheinende Wärmegefälle ist. Bis zur Welle der Maschine wird von dieser Arbeit ein Teil durch Radreibungs- und Ventilationsarbeit verloren. Jene entsteht durch die Reibung des Laufrades im Dampfraum des Gehäuses, dieses durch die ventilatorartige Wirkung der nicht beaufschlagten Schaufeln auf diesen Dampf. Beide Verlustarbeiten erhöhen den Wärmeinhalt des Austrittsdampfes. Durch das Laufrad wird die Arbeit L_i an die Welle der Turbine abgegeben. Man nennt sie die indizierte oder die innere Arbeit der Turbine. Dann ist

$$\eta_i = \frac{L_i}{L_0} = \frac{H_i}{H_0} \tag{34}$$

der indizierte Wirkungsgrad der Turbine. Durch Lagerreibung, Antrieb des Reglers und Hilfsmotoren geht von der indizierten Arbeit noch ein Teil verloren, ehe die effektive Arbeit L_e an der Welle der Turbine erscheint.

$$\eta_m = \frac{L_e}{L_i}$$

ist dann der mechanische Wirkungsgrad der Turbine

Ist Q_1 die Wärme, die dem Kondensat zuzuführen ist, um es im Kessel auf den Zustand vor dem Absperrventil der Turbine zu bringen, so wird der thermische Wirkungsgrad der Dampfturbine

$$\eta_t = \frac{AL_i}{Q_1} = \frac{i_1 - i_2}{i_1 - i_0},$$

wenn i_1 der Wärmeinhalt des Dampfes vor dem Absperrventil, i_2 der im Abdampfstutzen und i_0 der Wärmeinhalt des Speisewassers ist.

Wegen der Reibung beim Strömen des Dampfes durch die Turbine kann der Dampf nicht adiabatisch expandieren, sondern unter Entropiezunahme, siehe Abb. 38. Bei nicht zu kleinen Dampfturbinen kann der Wärmeverlust durch das Gehäuse der Turbine vernachlässigt werden und die indizierte Arbeit

$$AL_i = H_i = i_1 - i_2$$

erscheint dann als Strecke im JS-Diagramm, ebenso wie der gesamte Arbeitsverlust

$$\Delta AL = H_0 - H_i .$$

Für ein Element der Expansion gilt dann, da sie nicht umkehrbar ist, der I. Hauptsatz in der Form

$$dQ = du + AdL .$$

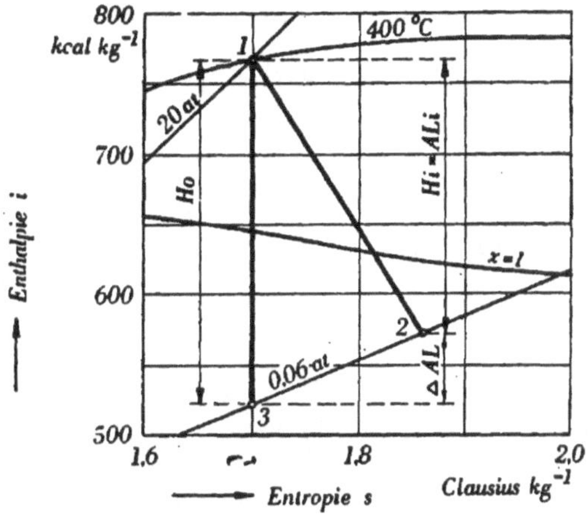

Abb. 38. Zustandsverlauf in der Turbine.

Man kann nun die nicht umkehrbare Expansion durch einen umkehrbaren Ersatzprozeß ersetzen. Die im wirklichen Prozeß auftretende Reibungswärme dW werde bei dem Ersatzprozeß nach außen abgegeben und dafür, damit der I. Hauptsatz erfüllt bleibt, die äquivalente Wärme AdW von außen zugeführt. Der Ersatzprozeß erfolge umkehrbar nach derselben Kurve im JS-Diagramm. Damit sind beide Prozesse thermisch gleichwertig. Aber für den Ersatzprozeß und damit auch für den wirklichen Prozeß gilt dann die Formel des I. Hauptsatzes in der Form

(35) $$dQ + AdW = du + APdv = di - AvdP .$$

Man nennt sie die Grashofsche Gleichung. Sie sagt uns, daß man bei Reibungsvorgängen in strömenden Gasen und Dämpfen mit der Formel des I. Hauptsatzes für umkehrbare Zustandsänderungen arbeiten darf, wenn man die Reibungswärme als von außen zugeführte Wärme in die Gleichung einführt.

Erfolgt die Arbeit in der Turbine ohne Wärmeaustausch mit der Umgebung, so ist $dQ = 0$ und damit wird

$$AdW = di - AvdP .$$

Integriert man diese Gleichung zwischen den Zuständen vor

und nach der Turbine, so wird

$$AW = i_2 - i_1 - A \int_1^2 v dP.$$

Andererseits gilt für die Maschine

$$AL_i = i_1 - i_2,$$

und damit wird

$$AL_i = A \int_2^1 v dP - AW.$$

Daraus folgt, daß die Fläche links von der Expansionskurve im Pv-Diagramm nicht wie bei umkehrbaren Zustandsänderungen gleich der technischen Nutzarbeit ist. Um diese zu erhalten, muß man von der Fläche die Reibungsarbeit abziehen.

Da der Arbeitsverlust

$$\Delta AL = AL_0 - AL_i$$

ist, wird

$$\Delta L = W - \left[\int_2^1 v dP - L_0 . \right]$$

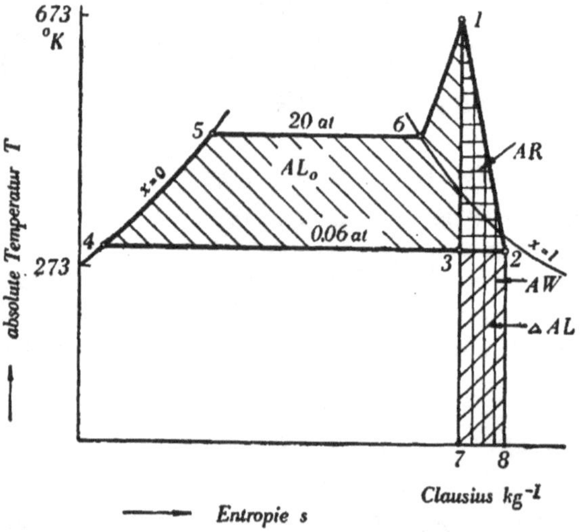

Abb. 39. Reibungswärme und rückgewonnene Reibungswärme in der Turbine.

Aus dieser Gleichung folgt das wichtige Ergebnis, daß die Reibungsarbeit bei der Dampfströmung nicht wie bei der Reibung fester oder flüssiger Körper ganz verlorengeht, sondern nur zum Teil. Der übrige Teil wird im weiteren Verlauf des Prozesses als sogenannte rückgewonnene Reibungswärme als mechanische Arbeit wieder gewonnen. Sie ist

$$R = \int_2^1 v dP - L_0 .$$

Es besteht demnach die Beziehung

$$\Delta L = W - R .$$

Nach dem Satz von Gouy-Stodola ist ferner

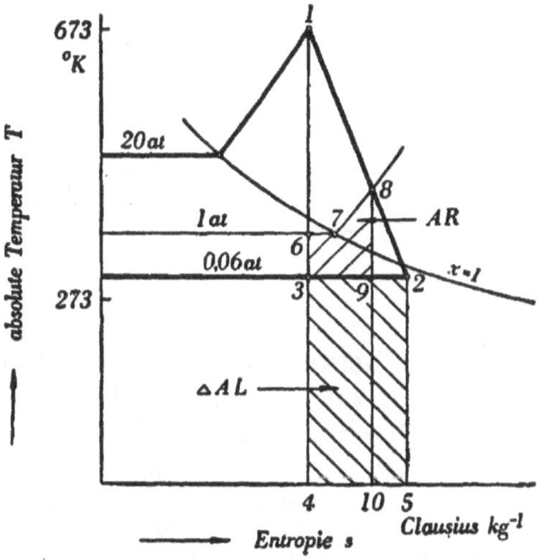

Abb. 40. Im Niederdruckteil wieder gewonnener Arbeitsverlust AR des Hochdruckteiles.

$$\Delta AL = T_2 (s_2 - s_1).$$

Mit diesen Gleichungen lassen sich sämtliche Werte im Wärmediagramm durch Flächen darstellen, siehe die Abb. 39. Die Abb. 40 zeigt die im Niederdruckteil einer Turbine wiedergewonnene Reibungswärme vom Arbeitsverlust des Hochdruckteiles.

c) Die Reibungsbeiwerte

Durch die Reibung bedürfen die Formeln für den adiabatischen Ausfluß im Bd. 1 einer Verbesserung. Sie wird durch drei Reibungsbeiwerte ausgedrückt. Ist w_2 die tatsächliche Ausflußgeschwindigkeit aus einer Düse und w_0 die bei adiabatischer Expansion erreichbare, so ist der Geschwindigkeitsbeiwert

$$\varphi = \frac{w_2}{w_0} \tag{36}$$

und damit

$$w_2 = \varphi \cdot w_0 .$$

Als Ausflußkoeffizient wird das Verhältnis der wirklichen Ausflußmenge G zur adiabatischen Ausflußmenge G_0 bezeichnet. Es ist also

(37) $$\mu = \frac{G}{G_0} .$$

Endlich versteht man unter dem Beiwert des Strömungsverlustes ζ das Verhältnis des Verlustgefälles $\Delta H = \Delta AL$ zum adiabatischen Wärmegefälle, also

(38) $$\zeta = \frac{\Delta H}{H_0} = \frac{H_0 - H_i}{H_0} .$$

Diese 3 Beiwerte sind nun nicht voneinander unabhängig, sondern, wenn einer bekannt ist, können daraus die beiden andern berechnet werden. Da

$$H_0 = \frac{Aw_0^2}{2g} \text{ und } H_i = \frac{Aw_2^2}{2g}$$

ist, so wird

$$\varphi = \sqrt{1 - \zeta} \text{ und } \zeta = 1 - \varphi^2 .$$

Daraus kann nach Flügel μ wie folgt berechnet werden. Es ist

$$\zeta \cdot H_0 = H_0 - H_i = c_p (T_2 - T_2') ,$$

wenn man ein vollkommenes Gas voraussetzt und T_2 die wirkliche Temperatur im Ausflußstrahl und T_2' die adiabatische Endtemperatur ist. Also wird

$$\frac{T_2}{T'_2} - 1 = \frac{\zeta H_0}{c_p T_2'} .$$

Nun ist

$$\frac{T_2}{T_2'} = 1 + \frac{\zeta H_0}{c_p T_2'} = \frac{v_2}{v_2'} .$$

Damit wird

$$\mu = \frac{G}{G_0} = \frac{w_2}{w_0} \cdot \frac{v_2'}{v_2} = \frac{\varphi}{1 + \frac{\zeta H_0}{c_p T_2'}} .$$

Ist z. B. $\zeta = 0{,}06$ $H_0 = 100$ kcal kg^{-1}, $T'_2 = 350^0$ K,

$c_p = 0{,}48$ kcal kg^{-1} ^{0}C^{-1}

so wird

$$\varphi = 0{,}97 \quad \text{und} \quad \mu = 0{,}94.$$

Bezeichnet man mit ψ_0 den Ausflußfaktor beim adiabatischen Ausfluß, so ist der wirkliche Ausflußfaktor

$$\psi = \mu \cdot \psi_0.$$

ψ_0 ist für trockengesättigten Dampf 1,991 und für überhitzten Dampf 2,145. Durch Versuche an gut abgerundeten Mündungen fand Bendemann für ψ den Wert 2,03, und zwar sowohl für trockengesättigten Dampf wie für überhitzten Wasserdampf Dieses überraschende Ergebnis wurde dann durch Versuche von Loschge bestätigt. Er fand $\psi = 2{,}035$. Jener Zahl entsprechen

für Sattdampf $\mu = 1{,}02$,
für überhitzten Dampf $\mu = 0{,}97$.

Der hohe Wert für Sattdampf ist dadurch zu erklären, daß beim Ausfluß trockengesättigten Dampfes der Dampf während der Expansion nicht sofort naß wird, sondern zuerst unterkühlt wird und erst an der Wilsonlinie kondensiert. Diese fällt im JS-Diagramm mit der Linie $x = 0{,}967$ zusammen. Man hat nicht nur an Düsen, sondern sogar bei Dampfturbinen beobachtet, daß der Dampf unterkühlt die Maschine verläßt.

Die Versuchsergebnisse über den Verlauf des Geschwindigkeitsbeiwertes φ sind leider noch sehr widersprechend. Die Abb. 41 zeigt seine Abhängigkeit von der Geschwindigkeit nach Versuchen von Guy.

Beim Durchgang des Dampfes durch die Schaufeln eines Aktionsrades erleidet der Dampf durch die Reibung eine Abnahme seiner relativen Geschwindigkeit von w_1 am Eintritt auf w_2 am Austritt. Die Abhängigkeit des Geschwindigkeitsbeiwertes

$$\psi = \frac{w_2}{w_1},$$

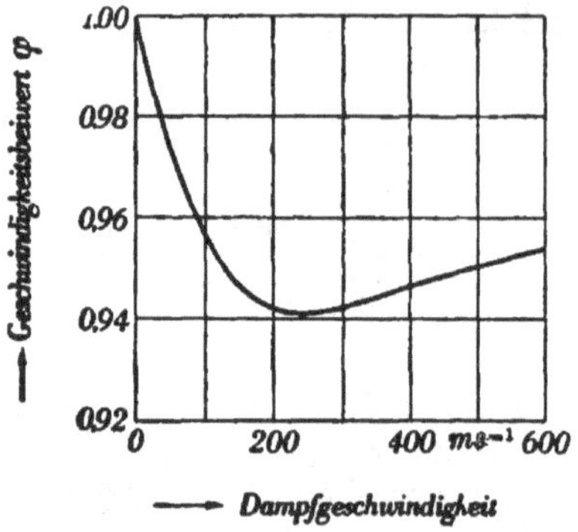

Abb. 41. Geschwindigkeitsbeiwert φ in Düsen, abhängig von der Dampfgeschwindigkeit.

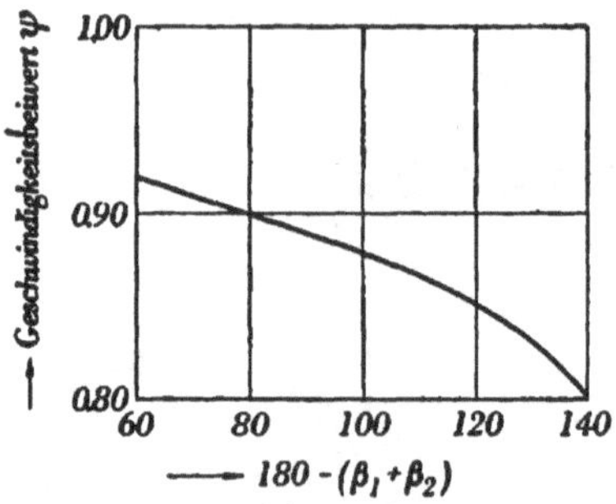

Abb. 42. Geschwindigkeitsbeiwert ψ, abhängig von der Umlenkung des Dampfes.

abhängig von der Umlenkung des Dampfes durch die Schaufeln, zeigt die Abb. 42 nach Versuchen von Baer.

d) Der Energieumsatz in der Stufe einer Gleichdruckturbine

Der Dampf ströme mit der absoluten Geschwindigkeit c_1, unter dem Winkel α_1 gegen den Radumfang gerichtet, in das Laufrad ein. Nach den Gesetzen der Mechanik setzt sich die Umfangsgeschwindigkeit u des Rades und die relative Eintrittsgeschwindigkeit w_1 des Dampfes ins Laufrad im sogenannten Geschwindigkeitsdreieck, siehe die Abb. 43, zur absoluten Eintrittsgeschwindigkeit c_1 zusammen. Diese ist nach der Ausflußformel

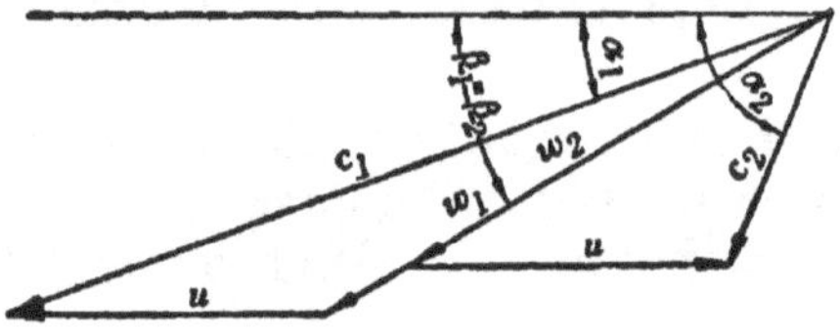

Abb. 43. Geschwindigkeitsplan einer de Laval-Turbine.

$$c_1 = \varphi\, 91{,}53 \sqrt{H_0},$$

wenn H_0 das adiabatische Stufengefälle ist. Damit an der Schaufelkante kein mit Verlusten verbundener Stoß eintritt, arbeitet man mit stoßfreiem Eintritt, d. h. die relative

Eintrittsgeschwindigkeit w_1 muß mit dem Radumfang den Schaufelwinkel β_1 am Eintritt ins Rad bilden. Dadurch ist das Eintrittsdreieck bestimmt. Im Laufrad sinkt durch die Reibung die Dampfgeschwindigkeit auf

$$w_2 = \psi w_1$$

ab. Sie hat die Richtung des Kantenwinkels β_2 am Radaustritt. Dadurch ist das Austrittsdreieck und die absolute Austrittsgeschwindigkeit c_2 des Dampfes aus der Turbine bestimmt. Durch die Anwendung des Flächensatzes auf den durch die Turbine strömenden Dampf erhält man die von 1 kg Dampf an den Radumfang abgegebene Arbeit zu

$$L_u = \frac{u}{g}(c_1 \cos\alpha_1 + c_2 \cos\alpha_2), \tag{39}$$

wenn die Komponenten der Dampfgeschwindigkeiten der Richtung der Umfangsgeschwindigkeit u entgegengesetzt gerichtet sind.

Ersetzt man das adiabatische Gefälle H_0 durch die ihr entsprechende Ausflußgeschwindigkeit c_0 durch

$$\frac{Ac_0^2}{2g} = H_0,$$

so wird der Wirkungsgrad am Radumfang

$$\eta_u = \frac{AL_u}{H_0} = 2\varphi^2\left(1 + \psi\frac{\cos\beta_2}{\cos\beta_1}\right)\left(\cos\alpha_1 - \frac{u}{c_1}\right)\frac{u}{c_1}.$$

Führt man die Schaufeln des Laufrades gleichwinklig aus, macht man also $\beta_1 = \beta_2$, so wird

$$\eta_u = 2\varphi^2(1 + \psi)\left(\cos\alpha_1 - \frac{u}{c_1}\right)\frac{u}{c_1}. \tag{40}$$

Dies ist die Bankische Formel. Aus ihr folgt zunächst, daß der Wirkungsgrad um so größer wird, je kleiner der Eintrittswinkel α_1 ist. Aus konstruktiven Gründen kann man nicht unter 13^0 heruntergehen. Der Wirkungsgrad wird ferner um so besser, je größer die Geschwindigkeitswerte φ und ψ des Leit- und Laufrades sind. Außerdem ist der Wirkungsgrad noch von der wichtigen Kenngröße u/c_1, also dem Verhältnis

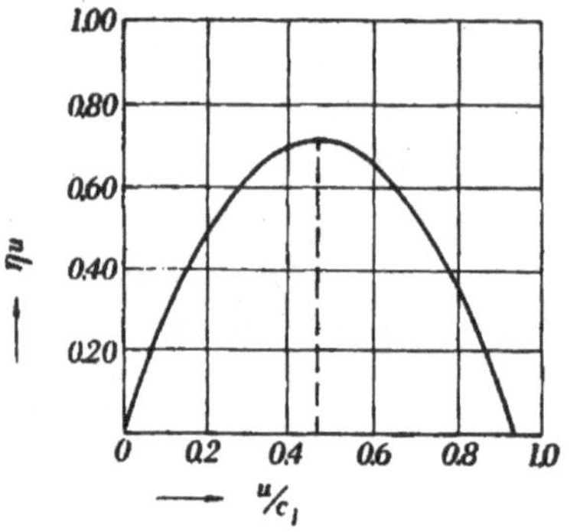

Abb. 44. Wirkungsgrad am Radumfang einer de Laval-Turbine.

von Umfangsgeschwindigkeit zu absoluter Eintrittsgeschwindigkeit, abhängig. Die Abb. 44 zeigt deren Einfluß auf den Wirkungsgrad. Es ergibt sich ein Maximum des Wirkungsgrades für

$$\frac{u}{c_1} = \frac{\cos \alpha_1}{2}. \tag{41}$$

Ist z. B. für eine einstufige Druckturbine, also eine Lavalturbine, $H_0 = 100$ kcal kg^{-1}, $\varphi = 0{,}95$, $\alpha_1 = 15^0$, so wird $c_1 = 868$ ms^{-1}. Damit wird die günstigste Umfangsgeschwindigkeit 419 ms^{-1}. Leider läßt sich aus Festigkeitsgründen diese hohe Umfangsgeschwindigkeit nicht ausführen. Man muß deshalb bei dieser Turbinenart mit kleineren Werten von u/c_1 arbeiten und erhält so schlechte Wirkungsgrade.

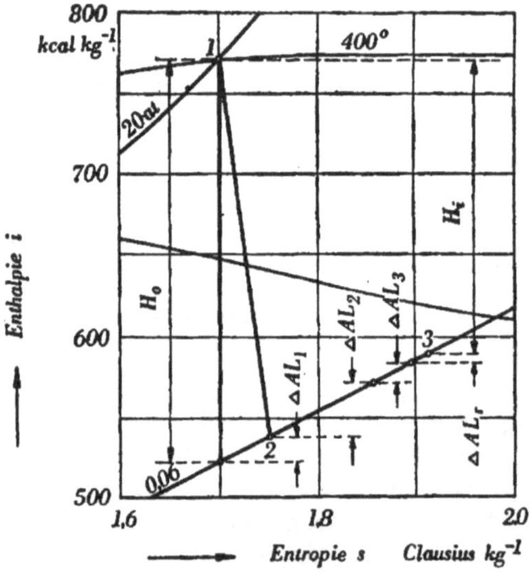

Abb. 45. Zustandsverlauf in einer de Laval-Turbine.

Die **Arbeitsverluste in der Stufe** setzen sich zusammen aus den Verlusten

$$\text{in den Düsen } \Delta AL_1 = \zeta H_0,$$

$$\text{im Laufrad } \Delta AL_2 = \frac{Aw_1^2}{2g}(1-\psi^2)$$

$$\text{und dem Austrittsverlust } \Delta AL_3 = \frac{Ac_2^2}{2g}.$$

Zu diesen Verlusten tritt dann noch der Ventilations- und Radreibungsverlust ΔAL_r hinzu, so daß sich im JS-Diagramm, siehe Abb. 45, der Zustandsverlauf 123 in der Turbine ergibt.

Der Vorteil der Curtisschen Druck- und Geschwindigkeitsstufen besteht darin, daß hier am Maximum des Wirkungsgrades gearbeitet werden kann. Die Abb. 46 zeigt den Verlauf der Wirkungsgradkurven für 1, 2 und 3 kränzige Laufräder.

Die Formel für den Wirkungsgrad am Radumfang zeigt endlich, daß auch durch die Verkleinerung des Schaufelkantenwinkels β_2 am Dampfaustritt der Wirkungsgrad verbessert werden kann. Man ist dabei aber an enge Grenzen gebunden,

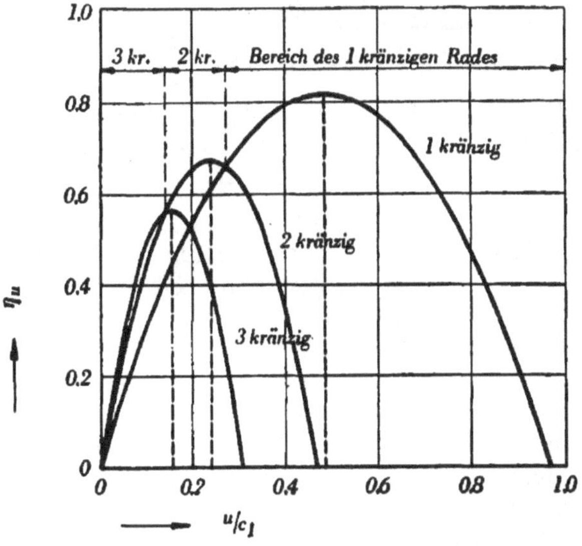

da durch Verkleinerung des Winkels β_2 der Querschnitt des Dampfkanales kleiner wird. Um dem Rechnung zu tragen, muß man die Schaufeln am Austritt länger machen als am Eintritt. Man darf mit dieser Schaufelerweiterung aber nicht über 30% hinaus gehen, da sonst eine große zusätzliche radiale Dampfgeschwindigkeit am Austritt entsteht, die als Verlust zu buchen ist.

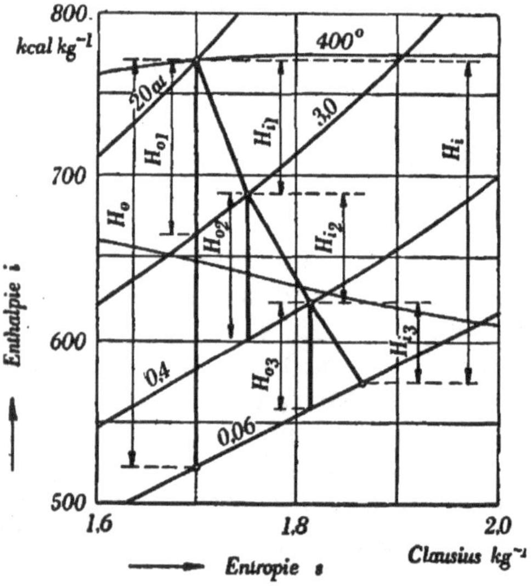

Abb. 47. Aktionsturbine mit drei Druckstufen.

Bei einer Druckturbine mit mehreren Druckstufen ergibt sich für jede Stufe, siehe die Abb. 47, ein adiabatisches Stufengefälle. Es beträgt H_{01}, H_{02} und H_{03} für eine dreistufige Turbine. Die Figur zeigt, daß

$$H_{01} + H_{02} + H_{03} > H_0$$

ist, d. h. die Summe der adiabatischen Stufengefälle ist größer als das adiabatische Gefälle der Turbine. Es gilt also

$$\Sigma H_{0n} = \mu H_0,$$

wobei $\mu > 1$, etwa 1,03 — 1,07 ist. Da dies auf die rückgewonnene Reibungswärme zurückzuführen ist, nennt man μ den Faktor der rückgewonnenen Reibungswärme.

e) Der Energieumsatz in der Stufe einer Überdruckturbine

Da bei einer Überdruckturbine im Spalt ein Überdruck herrscht in bezug auf den Druck nach dem Laufrad, tritt als neuer Verlust einer Stufe der Spaltverlust auf. Es strömt Dampf aus dem Spalt zwischen Leit- und Laufrad heraus und um die Bandage der Schaufel herum, ohne Arbeit an diese abzugeben. Um diesen Verlust klein zu halten, muß man bei Überdruckturbinen mit viel mehr Stufen arbeiten als bei Druckturbinen. Schon Parsons benutzte 60 Stufen. Außerdem zwingt der Spaltüberdruck zu voller Beaufschlagung der Stufen. Infolge des Spaltüberdruckes ergibt sich auch ein großer Axialschub, der durch besondere Entlastungskolben oder durch eine besondere Bauart, wie z. B. bei Zweiflußturbinen, ausgeglichen werden muß, bei welchen der Dampfstrom geteilt wird und in entgegengesetzter Richtung durch zwei Teilturbinen strömt.

Wegen des kleinen Gefälles, mit dem man in jeder Stufe arbeiten muß, kann man hier den Reaktionsgrad einer Stufe auch gleich dem Verhältnis des adiabatischen Gefälles des Laufrades zum adiabatischen Stufengefälle setzen. Diese Beziehung erleichtert die Rechnung sehr. Setzt man volle Ausnützung der Auslaßenergie $\frac{Ac_2'^2}{2g}$ der vorhergehenden Stufe in der folgenden voraus, so gilt für das Leitrad die folgende Strömungsgleichung

$$H_0' + \frac{Ac_2'^2}{2g} = \frac{Ac_0^2}{2g},$$

wenn H_0' das adiabatische Gefälle des Leitrades, siehe Abb. 48, und c_0 die adiabatische Ausflußgeschwindigkeit aus dem Leitrad ist. Die wirkliche wird dann

$$c_1 = \varphi c_0$$

und damit

$$\frac{Ac_1^2}{2g} = \varphi^2 \left(H_0' + \frac{Ac_2'^2}{2g}\right).$$

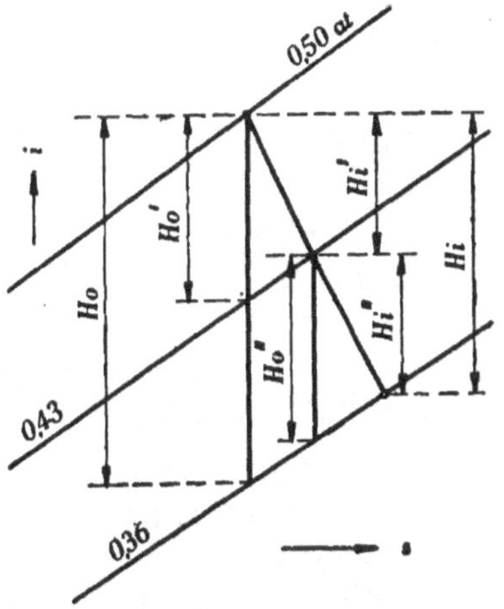

Abb. 48.
Überdruckstufen einer Parsonsturbine.

Für das mit konstanter Umfangsgeschwindigkeit rotierende Laufrad kann dann eine entsprechende Strömungsgleichung für die Relativbewegung angesetzt werden

$$H_0'' + \frac{Aw_1^2}{2g} = \frac{Aw_0^2}{2g},$$

wenn w_0 die adiabatische relative Austrittsgeschwindigkeit aus dem Laufrad ist. Definiert man nun für das Laufrad den Geschwindigkeitsbeiwert ψ ebenso wie für das Leitrad durch den Ansatz

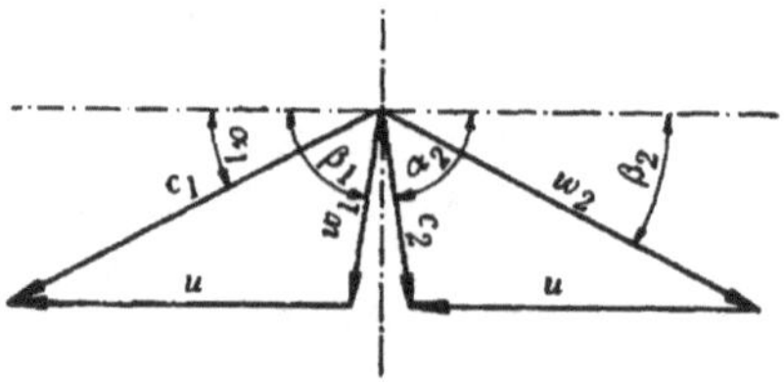

Abb. 49. Schaufelplan einer Stufe einer Parsonsturbine.

$$\psi = \frac{w_2}{w_0},$$

so wird

$$\frac{A w_2^2}{2g} = \psi^2 \left(H + \frac{A w_1^2}{2g}\right).$$

Bei der Parsonsturbine benutzt man nun gleiche Schaufelprofile für Leit- und Laufrad. Dadurch wird $\alpha_1 = \beta_2$ und $\alpha_2 = \beta_1$, siehe Abb. 49. Da in den beiden Geschwindigkeitsdreiecken dieselbe Umfangsgeschwindigkeit u auftritt, sind Ein- und Austrittsdreieck kongruent. Somit wird

$$w_2 = c_1 \quad \text{und} \quad c_2 = w_1.$$

Ebenso wird

$$\varphi = \psi.$$

Dadurch wird in den beiden Strömungsgleichungen

$$H_0' = H_0,$$

d. h. bei der Parsonsturbine wird im Leit- und im Laufrad dasselbe Wärmegefälle verarbeitet. Sie besitzt also den Reaktionsgrad $\varepsilon = \frac{1}{2}$. Somit wird

$$H_0 = 2 H_0' = \frac{A}{g}\left(\frac{c_1^2}{\varphi^2} - c_2^2\right),$$

wenn man noch die absolute Ein- und Austrittsgeschwindigkeit der Stufe gleichmacht. H_0 ist dabei das Stufengefälle.

Es ist nötig, hier einen neuen Wirkungsgrad, den Schaufelwirkungsgrad η_s,

$$\eta_s = \frac{A L_u}{H_0}$$

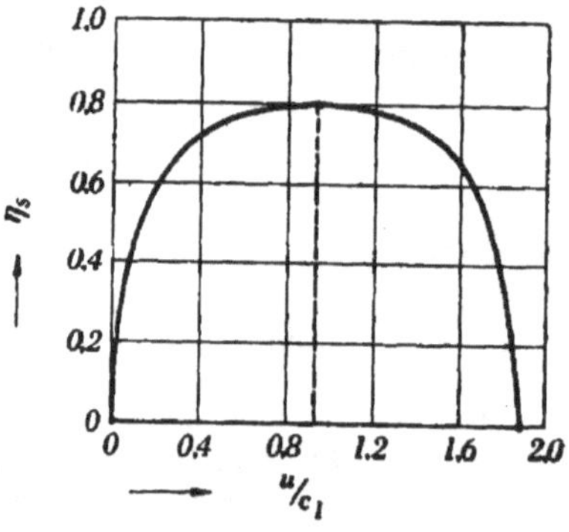

Abb. 50. Schaufelwirkungsgrad einer Parsonsstufe.

einzuführen, wobei man berücksichtigt, daß die absolute Austrittsenergie $\frac{c_2^2}{2g}$ in der nächsten Stufe nicht ausnutzbar ist. Man läßt sie deshalb im Nenner weg. Für die Parsonsstufe ergibt sich dafür

$$(42) \qquad \eta_s = \frac{\left(2\cos\alpha_1 - \frac{u}{c_1}\right)\frac{u}{c_1}}{\frac{1}{\varphi^2} - 1 - \left(\frac{u}{c_1}\right)^2 + 2\frac{u}{c_1}\cos\alpha_1}.$$

Die Gl. 42 rührt auch von Banki her. Die Abb. 50 zeigt den Einfluß von u/c_1 auf den Wirkungsgrad. Der günstigste Wirkungsgrad tritt bei

$$(43) \qquad \frac{u}{c_1} = \cos\alpha$$

auf. Hier wird demnach $\beta_1 = 90^0$. Man erhält also am Eintritt eine senkrechte Schaufelkante. Druck und Überdruckschaufeln erkennt man deshalb schon an der Gestalt, siehe die Abb. 34 und 36.

f) Die Stufenzahl einer vielstufigen Turbine

Statt der Kenngröße u/c_1 einer Turbine werde jetzt die Kenngröße u/c_0 eingeführt, wobei die dem adiabatischen Stufengefälle h entsprechende adiabatische Ausflußgeschwindigkeit c_0 definiert ist durch

$$h = \frac{Ac_0^2}{2g}.$$

Sie tritt in der Turbine nicht selbst auf, sondern stellt nur eine praktische Rechengröße dar.

Für die Aktionsstufe gilt

$$\frac{u}{c_0} = \frac{\varphi u}{c_1}.$$

Für eine Parsonsstufe mit dem Reaktionsgrad $\varepsilon = 1/2$ wird

$$\left(\frac{u}{c_0}\right)^2 = \frac{1}{2}\left(\frac{u}{c_1}\right)^2 \frac{1}{\frac{1}{\varphi^2} - 1 - \left(\frac{u}{c_1}\right)^2 + 2\cos\alpha_1\, u/c_1}.$$

Nach S. 92 besteht nun die Beziehung

$$\Sigma h = \mu H_0,$$

wenn H_0 das adiabatische Turbinengefälle ist. Ist z deren Stufenzahl und setzt man gleiches mittleres Stufengefälle h_m voraus, so wird

$$\Sigma h = z h_m$$

und damit

$$z = \frac{\mu H_0}{h_m}.$$

Setzt man gleiche Umfangsgeschwindigkeit aller Stufen voraus, so wird

$$u^2 z = \frac{u^2 \mu H_0}{h_m}.$$

Ersetzt man nun das mittlere Stufengefälle durch c_0, so wird die Stufenzahl

$$z = \frac{2g}{A} \cdot \frac{\mu H_0}{u^2} \cdot \left(\frac{u}{c_0}\right)^2. \tag{44}$$

Die Stufenzahl einer Turbine hängt also von den folgenden Größen ab, vom adiabatischen Turbinengefälle, von der Umfangsgeschwindigkeit und von der Kenngröße u/c_0. Die Zahlentafel 21 zeigt für eine Parsonsturbine diese Abhängigkeit.

Zahlentafel 21

Stufenzahl einer Parsonsturbine für

$H_0 = 200$ kcal kg^{-1}, $u = 100\ ms^{-1}$, $\mu = 1{,}04$, $\alpha_1 = 20°$, $\varphi = 0{,}90$

u/c_1	η_s	u/c_0	z	X
0,2	0,588	0,186	6	290
0,4	0,716	0,314	17	830
0,6	0,765	0,424	31	1510
0,8	0,786	0,540	51	2450
1,0	0,790	0,670	79	3750
1,2	0,776	0,830	121	5800
1,4	0,741	1,040	190	9100

Bei gegebenen Werten von H_0 und μ ist also die Stufenzahl nur noch eine Frage des Wirkungsgrades. Man kann diese

Formel für die Stufenzahl auch auf Turbinenstufen mit verschiedenen Raddurchmessern ausdehnen. Man führt dazu eine mittlere Umfangsgeschwindigkeit u_m ein, gemäß der Gleichung

$$z\, u_m^2 = \Sigma\, u^2,$$

wobei die Summe über alle Laufräder der Turbine zu erstrecken ist. Man erhält dann für die Stufenzahl einer Turbine die Gleichung

$$z = \frac{2g}{A} \cdot \frac{\mu H_0}{u_m} \cdot \left(\frac{u}{c_0}\right)^2 .$$

Seit Parsons ist es üblich, noch mit einer zweiten Kennzahl der Turbine, der Parsonskennzahl X, gemäß der Gleichung

$$X = \frac{\Sigma\, u^2}{\mu H_0} \tag{45}$$

zu rechnen. Sie steht mit der bisher benutzten Kennzahl $\frac{u}{c_0}$ in der Beziehung

$$X = \frac{2g}{A} \cdot \left(\frac{u}{c_0}\right)^2 = 8390 \left(\frac{u}{c_0}\right)^2 .$$

Ebenso wie jede Turbinenart bei einem bestimmten Wert von u/c_1 bzw. u/c_0 einen größten Wirkungsgrad hat, arbeitet sie auch bei einer bestimmten Parsonszahl am wirtschaftlichsten. Die Gleichung für die Stufenzahl kann man damit auch schreiben

$$z = \frac{\mu H_0}{u_m} \cdot X .$$

Ein Beispiel zeige noch an Hand der Formel den Unterschied der Stufenzahl einer Druck- und einer Überdruckturbine. Das adiabatische Gefälle sei für beide Turbinen 200 kcal kg^{-1}. Bei der Druckturbine erhält jede Stufe ein scheibenförmiges Laufrad. Da nach der Formel hohe Umfangsgeschwindigkeit eine kleine Stufenzahl und damit eine billige Turbine ergibt, macht man u möglichst groß. Man geht heute bei Dampfturbinen bis $u = 320$ ms^{-1}. Die höchste Umfangsgeschwindigkeit mit $u = 500\,\mathrm{ms}^{-1}$ erreichte man bei Turbogebläsen von Flugmotoren. Es werde $u = 250$ gewählt. Ferner sei $\mu = 1{,}05$, $\varphi = 0{,}95$ und $\alpha_1 = 17^0$. Damit wird

$$\frac{u}{c_0} = \varphi \frac{\cos \alpha_1}{2} = 0{,}95 \cdot 0{,}493 = 0{,}468$$

und damit die Stufenzahl der Druckturbine

$$z = 8390 \cdot \frac{1{,}05 \cdot 200}{250^2} \cdot 0{,}468^2 = 6$$

Bei einer Parsonsturbine kann man nicht mit so hoher Umfangsgeschwindigkeit wegen der trommelförmigen Bauart des Läufers arbeiten. Bei der alten Konstruktion konnte u nur 75—150 ms^{-1} werden. Neuerdings stellt man die Überdrucktrommel aus einzelnen scheibenförmigen Rädern mit sehr breitem Kranz her, die an der Stirnseite zu einer Trommel zusammengeschweißt werden. Man kann dann mit u bis auf 250 hinaufgehen. Für obiges Gefälle werden $u = 150\,ms^{-1}$ gesetzt. Ferner sei $u/c_0 = 0{,}55$. Am Maximum des Wirkungsgrades ist u/c_0 etwa 0,65—0,70. Um keine zu großen Stufenzahlen zu erhalten, wählt man u/c_0 kleiner. Da bei der Überdruckturbine die Kurve des Wirkungsgrades am Maximum sehr flach ist, ist die Einbuße an Wirkungsgrad tragbar. So wird

$$z = 8930 \frac{1{,}05 \cdot 200}{150^2} \cdot 0{,}55^2 = 24\,.$$

g) Sonderbauarten

Neuerdings sind auch einige erfolgreiche Radialturbinen entstanden, die Ljungströmturbine und die Siemens-Schuckertturbine. Sie werden beide innen beaufschlagt, so daß die Dampfströmung in radialer Richtung nach außen erfolgt. Jene ist gleichzeitig eine Gegenlaufturbine. Zwei Radscheiben, die die Laufschaufeln tragen, haben die gleiche geometrische Achse und drehen sich in entgegengesetztem Drehsinn. Da die Turbine keine festen Leiträder besitzt, hat sie den Reaktionsgrad $\varepsilon = 1$. Bei der SSW.-Turbine ist eine feste Leitradscheibe vorhanden.

Die im Jahre 1923 erschienene Brünner-Bauart hat dem Turbinenbau neue Wege gezeigt. Die von ihr benutzte Reak-

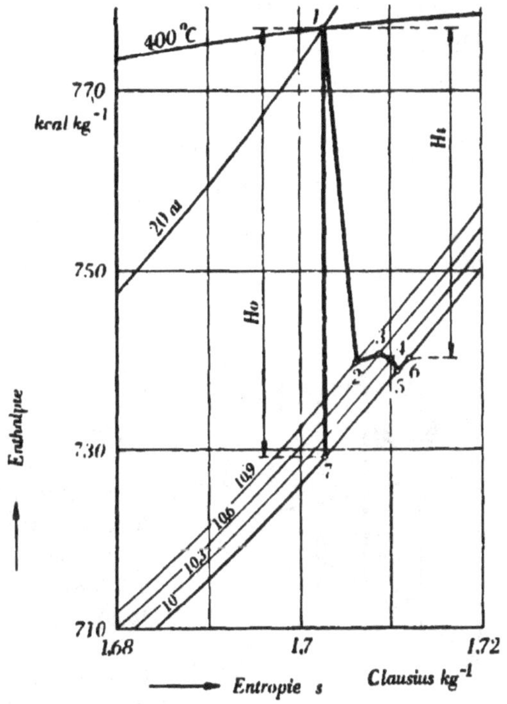

Abb. 51. Expansion in einem Curtisrad mit Reaktion.

tion von $\varepsilon = 20\%$ wurde neuerdings auch auf Curtis-Räder übertragen, siehe die Abb. 51.

Hatte man früher entsprechend den Forderungen des stoßfreien Eintritts immer Schaufeln mit zugespitzter Eintrittskante benutzt, so hat man seit längerer Zeit mit Erfolg abgerundete und verdickte Profile verwendet. Nach Versuchen von Hofer ist bei verdickter Eintrittskante der Reibungsverlust nur $^1/_3$ des Wertes zugespitzter Schaufelkante.

h) Das Verhalten der Dampfturbinen im Betrieb

Die Regelung der Dampfturbinen, d. h. die Anpassung der Dampfzuführung an die geforderte Leistung kann, auf drei Arten geschehen:

1. Durch Füllungsregulierung.
2. Durch Drosselregulierung.
3. Durch kombinierte Regulierung.

Bei der ersten Art der Regelung werden eine oder mehrere Düsensätze abgesperrt. Dabei bleibt der Wirkungsgrad am Radumfang unvermindert. Bei der Drosselregulierung wird der Eintrittsdruck gedrosselt. Dadurch nimmt das nutzbare Gefälle ab, siehe Abb. 52, und der Wirkungsgrad sinkt. Meist werden beide Arten vereinigt.

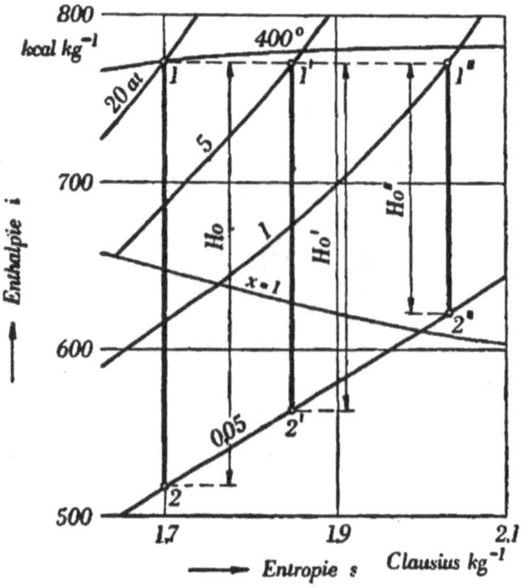

Abb. 52. Drosselregelung.

Bei der Verkleinerung der Leistung konzentriert sich die Leistungsabgabe auf die Hochdruckstufe, so daß bei starker Verminderung sogar ein Unterdruck gegenüber dem Kondensatordruck entstehen kann und die Niederdruckstufen Leistung aufnehmen, also als Turbokompressoren arbeiten.

Die Dampfmenge, welche durch die Turbine hindurchströmt, ändert sich mit dem Druck an dem ersten Leitrad und mit dem Gegendruck in ähnlicher Weise wie beim Durchfluß des Dampfes durch eine Düse.

Herrscht in der Turbine Schall- oder Überschallgeschwindigkeit, so ist die sekundliche Dampfmenge unabhängig vom Gegendruck, proportional dem Eintrittsdruck und umgekehrt proportional der Wurzel aus der absoluten Eintrittstemperatur. Tritt in der Turbine Unterschallgeschwindigkeit auf, so gilt nach Versuchen von Stodola das Gesetz des Dampfkegels mit elliptischer Basis. Es wurde von Flügel theoretisch begründet. Colombi hat es durch ein gerades Stück erweitert, da wie bei der Düse bei kleinen Gegendrucken die Ausflußmenge konstant bleibt, s. Abb 53.

Den Einfluß der Umdrehungszahl bei gleichem Druck vor und hinter der Turbine zeigen Versuche von Gramberg, Mauritz und Lorenz. Bei gleichbleibenden Querschnitten bleiben die Dampfmenge und der Druck in allen Stufen gleich. Das Drehmoment nimmt etwa linear mit steigender Drehzahl ab. Dies zeigt die Abb. 54 nach Versuchen von Mauritz an einer Gegendruckturbine, Bauart Brünn. Der Wirkungsgrad nimmt mit steigender Umdrehungszahl zu.

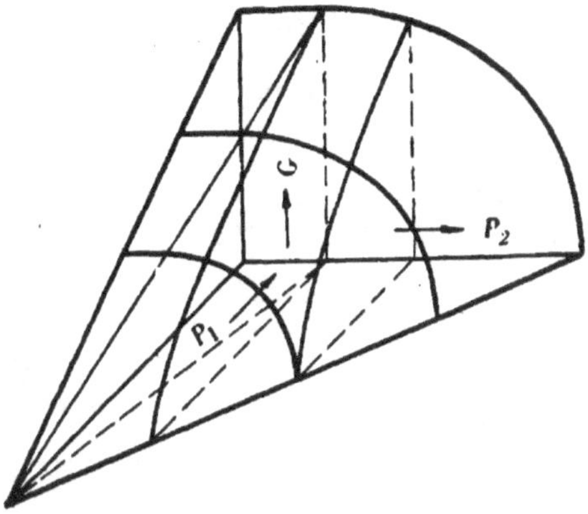

Abb. 53. Kegel der Dampfgewichte für eine Gegendruckturbine.

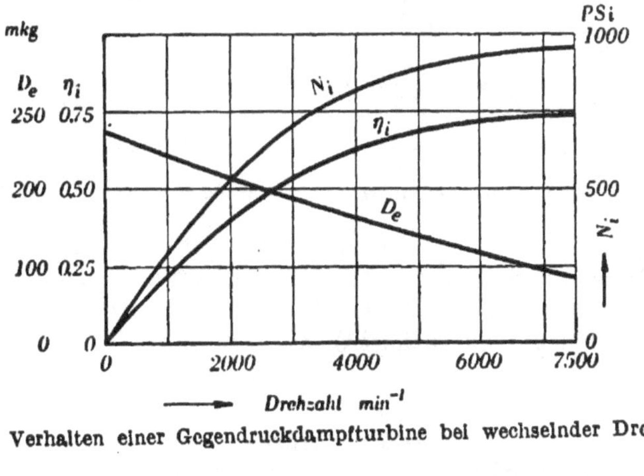

Abb. 54. Verhalten einer Gegendruckdampfturbine bei wechselnder Drehzahl.

§ 4. Neuere Entwicklung der Dampfkraftanlagen

Die wirtschaftliche Lage und die Kohlennot nach dem Weltkriege begünstigte die Entwicklung des Wärmekraftmaschinenbaues. Die Leistungen je Maschineneinheit und die dabei erzielten Wirkungsgrade gingen sprunghaft in die Höhe.

a) Der Hochdruckdampf

Obgleich schon Alban im Jahre 1828 eine Hochdruckdreifachexpansionsmaschine mit 46 at Eintrittsdruck gebaut hatte, hat doch erst vor 20 Jahren der Hochdruckdampf Ein-

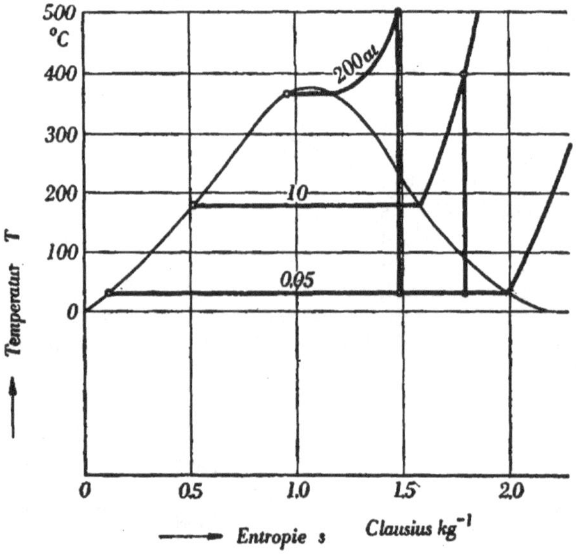

Abb. 55. Clausius-Rankine-Prozeß für Hoch- und Niederdruckdampf.

gang im Wärmekraftmaschinenbau gefunden. An Hand des TS-Diagramms läßt sich leicht der Einfluß des Dampfdruckes auf den thermischen Wirkungsgrad zeigen, siehe die Abb. 55. Die Zahlentafel 22 enthält diese Ergebnisse für ein Beispiel.

Zahlentafel 22.

Einfluß des Hochdruckdampfes auf η_t bei $t_1 = 400^\circ$ C und $p_2 = 0{,}05$ at

$p_1 =$	20	35	50	100	150	225
$\eta_t =$	0,346	0,370	0,383	0,408	0,419	0,423

Man ersieht aus ihr, daß mit steigendem Dampfdruck bis etwa 100 at der thermische Wirkungsgrad stark zunimmt, von da aber nur noch langsam. Bei Kondensationsmaschinen ist es deshalb nicht nötig, über etwa 70 at hinauszugehen. Anders liegt es bei Gegendruckdampfmaschinen, bei denen mit einem Gegendruck von mehreren Atmosphären gearbeitet wird. Solche finden in der Industrie vielfach Anwendung, wenn Dampf neben der Krafterzeugung noch für andere technische Zwecke Verwendung findet. Eine solche Abdampfverwertung ist sehr wirtschaftlich, weil dabei, von Wärmeverlusten an die Umgebung abgesehen, alle dem Dampf im Kessel zugeführte Wärme technisch verwendet wird, zum Teil zur Krafterzeugung, zum andern Teil für Heiz- oder Kochzwecke. Die Zahlentafel 23 zeigt, daß hier der Gewinn an mechanischer Arbeit mit steigendem Dampfdruck sehr stark ansteigt.

Zahlentafel 23

Arbeitsleistung bei Gegendruckbetrieb, abhängig vom Dampfdruck für $t_1 = 400\,^0$C und $p_2 = 5$ at

$p_1 =$	10	20	50	100	200	at
$AL_0 =$	47	86	125	146	144	kcal kg^{-1}.

Aber auch hier zeigt es sich, daß es nicht wirtschaftlich ist, über 100 at hinauszugehen.

Wie die Abb. 56 zeigt, ist mit dem Übergang zum Hochdruckdampf aber auch ein Nachteil vorhanden. Während bei einem Gegendruck von 0,05 at, 20 at Dampfdruck und 400° C Temperatur nur 42% des adiabatischen Gefälles ins Naßdampfgebiet fallen, sind es bei 200 at 89,5%. Dies ist sowohl für die Kolbendampfmaschine als für die Dampfturbine sehr nachteilig. Bei der Dampfmaschine wird dadurch die Wandwirkung vergrößert und bei der Dampfturbine die Dampfreibung. Man umgeht diese Schwierigkeiten dadurch, daß man zu ein- oder mehrmaliger Zwischenüberhitzung greift. Zwischen zwei Expansionsstufen wird der Dampf durch Frischdampf oder durch besondere Rauchgasüberhitzer überhitzt. Die Abb. 57 zeigt im Wärmediagramm den Clausius-Rankineschen Prozeß mit Zwischenüberhitzung. In der Zahlen-

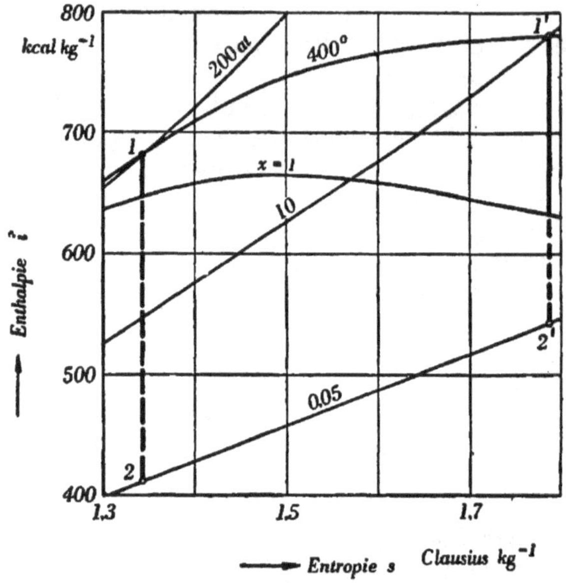

Abb. 56. Hochdruckdampf im *IS*-Diagramm.

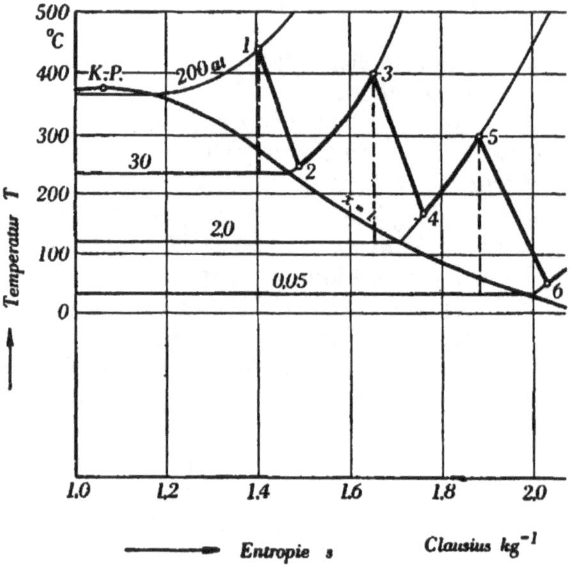

Abb. 57. Hochdruckdampf mit Zwischenüberhitzung.

tafel 24 sind Versuchsergebnisse mit einer Hochdruckdampfanlage zusammengestellt.

Zahlentafel 24

W. Schmidtsche Hochdruckdampfmaschine mit vierfacher Expansion und Zwischenüberhitzung

$p_1 = 55$ at, $p_2 = 0{,}05$ at, $t_1 = 435\,^\circ$C

$N_i = 147$ PS, $n = 148$ min^{-1}

$W_i = 2000$ kcal $PS_i h^{-1}$, $\eta_t = 0{,}316$, $\eta_i = 0{,}817$.

Hochdruckzylinder	$\eta_i = 0{,}95$
1. Mitteldruckzylinder	$\eta_i = 0{,}79$
2. Mitteldruckzylinder	$\eta_i = 0{,}77$
Niederdruckzylinder	$\eta_i = 0{,}73$

Der Hochdruckdampf zwang mit seinem starken Expansionsverhältnis bei der Kolbendampfmaschine wieder zur Rückkehr zu Mehrzylindermaschinen. Grundsätzliche Änderungen an der Maschine treten nicht ein. Bei der Hochdruckdampfturbine benutzt man eine Hochdruckvorschaltturbine.

Grundsätzliche Veränderungen hat dagegen durch den Hochdruck die Bauweise der Dampfkessel erfahren. An Stelle des Kessels treten starkwandige Trommeln, die zur Dampfsammlung und Wasserabscheidung dienen und außerhalb des Feuerraumes aufgestellt werden. Als Verdampferheizflächen dienen ausschließlich starkwandige Rohre. Die wichtigsten Bauarten sind der Schmidt-Hartmannsche Kessel, der Löfflerkessel, der Bensonkessel und der La Mont-Kessel.

Einer der interessantesten Hochdruckkessel ist der Veloxkessel. Die Verbrennung des Brennöles findet hier bei einem Überdruck von mehreren Atmosphären statt. Die Rauchgase strömen mit Geschwindigkeiten von 200 ms^{-1} an der Heizfläche entlang, so daß sich Heizflächenbelastungen von 400000 kcal m^{-2} h^{-1} ergeben. Der am Ende der Heizfläche noch vorhandene Überdruck der Heizgase wird in einer Abgasturbine zum Antrieb eines Turbokompressors für die Verbrennungsluft ausgenützt. Diese Verdampfermaschine nimmt so wenig Platz ein, daß sie im Maschinenhaus neben der Kraftmaschine Platz hat. Der Veloxkessel eignet sich deshalb besonders für Schiffe und Lokomotiven.

b) Die Carnotisierung des Dampfmaschinenprozesses

In der Abb. 55 sind im Wärmediagramm ein Nieder- und ein Hochdruckprozeß einander gegenübergestellt. Sie zeigt, daß sich bei steigendem Druck der Arbeitsprozeß immer mehr vom Carnotschen Prozeß entfernt, da die horizontale Verdampfungslinie immer kürzer wird, je höher der Druck ist, so daß die Flüssigkeitswärme immer mehr überwiegt. Dies ist auch der Grund dafür, daß nach Zahlentafel 22 mit steigendem Druck die Verbesserung des Wirkungsgrades immer kleiner wird. Um den Wirkungsgrad zu verbessern, hat man deshalb zur Carnotisierung des Prozesses gegriffen.

Sie beruht auf dem Regenerativverfahren, das schon vor 100 Jahren bei der Heißluftmaschine Verwendung fand. In der Abb. 16 stellt der Linienzug 12341 den Clausius-Rankine-Prozeß dar. Statt nun die adiabatische Expansion 23 auszuführen, erfolge die Expansion nach der Linie 23 der Abb. 58, die dadurch entsteht, daß durch den Punkt 2 eine zur linken Grenzkurve parallele Kurve gezogen wird. Die Fläche unter dieser Kurve 23 entspricht der Flüssigkeitswärme unter der linken Grenzkurve 41. Jedem Element der einen Fläche entspricht ein gleich großes der anderen Fläche. Entzieht man nun dem Dampf während der Expansion eine diesem Flächenelement

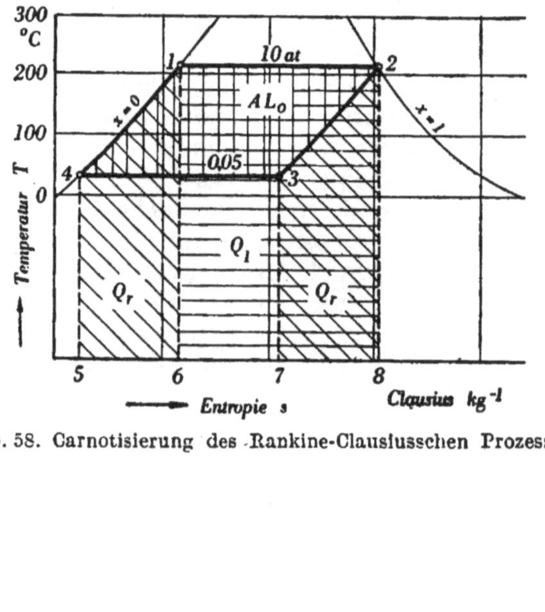

Abb. 58. Carnotisierung des Rankine-Claususschen Prozesses.

entsprechende Wärmemenge und führt sie dem Speisewasser von der gleichen Temperatur zu, so kann man innerhalb des Prozesses auf umkehrbarem Wege diese beiden Wärmemengen Q austauschen. Von außen ist dann nur noch die Verdampfungswärme zuzuführen. Der thermische Wirkungsgrad wird dann

$$\eta_t = \frac{T_1 - T_3}{T_1},$$

also eben so groß wie beim Carnotschen Prozeß zwischen der Verdampfer- und der Kondensatortemperatur.

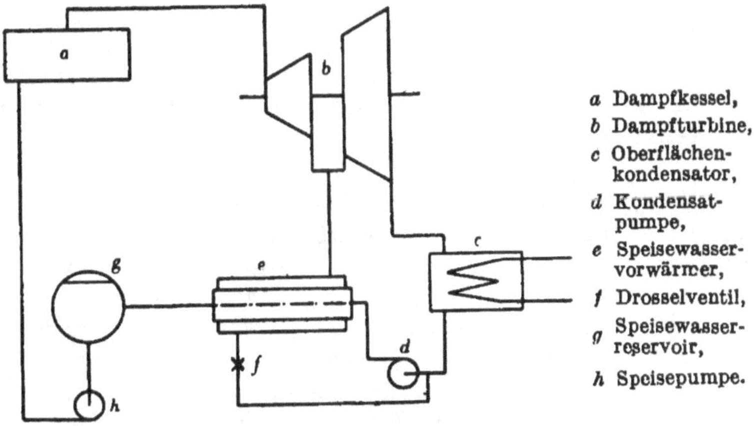

Abb. 59. Schema für eine einstufige Speisewasservorwärmung mit Anzapfdampf.

Praktisch läßt sich dieses Verfahren weder bei der Kolbendampfmaschine noch bei der Dampfturbine ausführen. Aber dem Wesen nach entspricht ihm die Speisewasservorwärmung mit Anzapfdampf, die in der Abb. 59 dargestellt ist. Bei einfacher Speisewasservorwärmung wird an einer Stelle der Expansion Dampf entnommen und in einem Gegenstromvorwärmer zur Erwärmung des Speisewassers benützt. Die Abb. 60 zeigt die Verbesserung des Wirkungsgrades bei einfacher Anzapfung, abhängig vom Druck des Anzapfdampfes. Sie zeigt, daß sie bei einem bestimmten Druck einen Höchstwert besitzt.

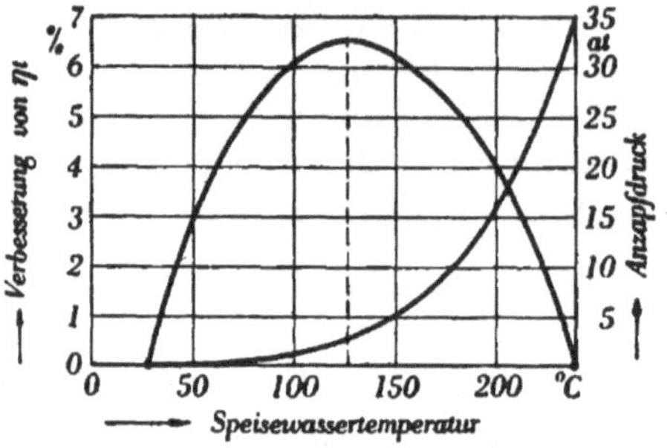

Abb. 60. Verbesserung des thermischen Wirkungsgrades durch einstufige Vorwärmung des Speisewassers mit Anzapfdampf.

Es läßt sich nun leicht zeigen, daß man bei stetiger Anzapfung von Dampf zur Speisewasservorwärmung auch den Carnotschen Wirkungsgrad erreichen kann. Man geht bei der praktischen Anwendung bei großen Maschinen bis zu einer 5fachen Dampfentnahme während der Expansion. Die Wärme, die jetzt im Dampfkessel wegen des Wegfalles des Ekonomisers frei wird, benutzt man zur Vorwärmung der Verbrennungsluft.

c) Die Mehrstoffwärmekraftmaschine

Die technische Entwicklung zeigt immer mehr, daß man zur Steigerung des thermischen Wirkungsgrades zur Abwärmeverwertung bzw. zur Mehrstoffwärmekraftmaschine übergehen muß, und zwar sowohl bei Dampfkraftanlagen wie auch bei Verbrennungskraftmaschinen. Wie oben angegeben wurde, nutzt die Kolbendampfmaschine ein gutes Vakuum schlecht aus. Einem Gegendruck von 0,15 at entspricht eine Sättigungstemperatur von 53,6° C. Bei einer Kühlwassertemperatur von 13,6° C bleiben also 40° C unausgenutzt. Um dieses Temperaturgefälle noch auszunutzen, hat man hinter den Wasserdampfprozeß einen zweiten Prozeß mit Schwefligsäuredampf geschaltet, der auch nach dem Clausius-Rankine-Prozeß arbeitete. Dabei wurde der Kondensator des Wasserdampfprozesses nicht mit Kühlwasser gekühlt, sondern durch verdampfende schweflige Säure. Bei einem Versuch von Josse war hinter eine Dreifachexpansionsmaschine eine Schwefligsäuremaschine geschaltet. Jene leistete 103,1 PS_i, diese 31,5 PS_i; das sind 30,5% mehr. Die Temperatur der siedenden schwefligen Säure war dabei 50,4° C, die der kondensierenden 20° C. Wegen des zur selben Zeit einsetzenden Aufschwunges der Dampfturbine erfuhr dieses Verfahren keine praktische Anwendung.

Es ist aber neuerdings in Amerika auf Dampfturbinenanlagen derart übertragen worden, daß man im Ts-Diagramm über den Wasserdampfmaschinenprozeß einen mit Quecksilberdampf arbeitenden setzte. Dabei dient die Kondensations-

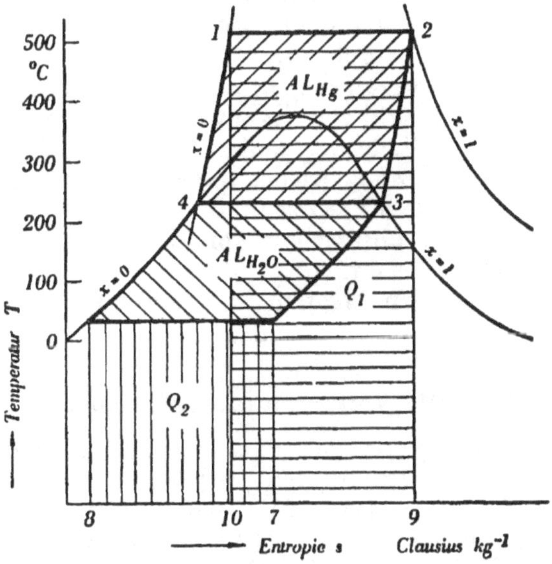

Abb. 61. Quecksilber-Wasserdampfanlage.

wärme des Quecksilberdampfes zur Verdampfung des Wassers. Da beim Kondensieren und beim Verdampfen die Wärmeübergangszahlen sehr groß sind, entsteht zwischen dem kondensierenden Quecksilber und dem siedenden Wasser nur ein sehr geringes Temperaturgefälle von etwa 13° C. Die Abb. 61 zeigt die zusammengehörigen Diagramme beider Prozesse. Mit Wärmeregenerierung ergibt dabei die verlustlose Maschine einen thermischen Wirkungsgrad von 0,55. Bei den neuesten Anlagen dieser Art wurde ein wirtschaftlicher Wirkungsgrad, bezogen auf die Leistung an den Klemmen des elektrischen Generators, von 0,40 erzielt.

Eine andere Art von Mehrstoffdampfmaschinen sind die Mischdampfmaschinen. So hat man schon oft, wenn auch ohne Erfolg, versucht, durch Beimischung von Druckluft in der Dampfleitung den Wirkungsgrad zu verbessern. Von Iriny wurde vorgeschlagen, im Kessel ein Gemisch von Benzol und Wasser zu verdampfen. Schon im vorigen Jahrhundert wurde versucht, im Kessel eine verdünnte wässerige Lösung von Kalilauge zu verdampfen. Bei 15 at erhält man dann überhitzten Wasserdampf von 480° C. Von Koenemann wurde neuerdings vorgeschlagen, im Kessel eine Zinkchloridammoniaklösung zu erhitzen. Es spaltet sich dabei Ammoniak ab, das im Dampfzylinder expandiert und im Kondensator von einer verdünnten Lösung wieder aufgenommen wird. Durch eine Pumpe wird diese Lösung in den Dampfkessel gepumpt, während die warme Lösung von dort durch ein Drosselventil zum Kondensator strömt.

Ein Erfolg war allen diesen und ähnlichen Vorschlägen noch nicht beschieden.

§ 5. Die Verbrennungskraftmaschine

Die Verbrennungskraftmaschine zählt nicht nur zu den besten, sondern auch zu den verbreitetsten Wärmekraftmaschinen. Schon im Jahre 1931 gab es nach einer Statistik von Langer auf der Erde 36 Millionen Autos mit einer Leistung von 1,2 Milliarden PS. Die Leistung sämtlicher Lokomotiven war nur $^1/_7$ und der Maschinen in den Elektrizitätswerken nur $^1/_9$ dieser Zahl.

a) Einteilung und Wirkungsgrade

Die Verbrennungskraftmaschinen sind dadurch gekennzeichnet, daß sie eine innere Verbrennung besitzen. Im gleichen Zylinder findet die Umsetzung der chemischen Energie des Brennstoffes in Wärme durch die Verbrennung und die Umsetzung der Wärme in mechanische Arbeit durch die Expansion statt. Die Verbrennungsgase bilden sofort den Energieträger für den Arbeitsprozeß. Dadurch entfällt die nicht umkehrbare Wärmeübertragung durch das Kesselblech. Diesem Umstand verdankt die Verbrennungskraftmaschine mit in erster Linie ihren besseren thermischen Wirkungsgrad gegenüber den Dampfkraftanlagen.

Es gibt Verbrennungskraftmaschinen für gasförmige, flüssige und feste Brennstoffe.

Man teilt die Verbrennungskraftmaschinen ein in:

1. Gasmotoren, welchen der Brennstoff gasförmig zuströmt,
2. Vergasermotoren, denen der Treibstoff zwar flüssig zufließt, aber nach der Aufbereitung im Vergaser dampfförmig in den Arbeitszylinder eintritt,
3. Ölmotoren, bei welchen der Kraftstoff in flüssigem Zustand in den Zylinder des Motors eingespritzt wird,
4. Kohlenstaubmotoren, bei welchen pulverförmige Kohle in den Zylinder eingeführt wird,
5. Gas-, Öl- und Abgasturbinen,
6. Raketenmotoren und den
7. Strahlantrieb.

Wie alle Kolbenmaschinen, so ist auch die Verbrennungskraftmaschine in ihrer Leistung beschränkt. Die größte Gasmaschine ist die M. A. N. Großgasmaschine mit 5300 PS_e bei doppeltwirkender Tandem-Anordnung im Viertakt. Der größte Dieselmotor der M. A. N. hat 12000 PS_e in 6 Zylindern bei doppelt wirkendem Zweitakt.

Zahlentafel 25

Wirtschaftlicher Wirkungsgrad η_w von Verbrennungskraftmaschinen

Ottoscher Viertaktmotor ...	1881	0,120
	1923	0,252
Vergasermotor	1883	0,083
	1913	0,238
	1929	0,336
Dieselmotor	1897	0,257
	1930	0,403
	1935	0,417
Kohlenstaubmotor	1936	0,25
Ölturbine	1911	0,13
	1939	0,18

Neben dem wirtschaftlichen Wirkungsgrad und dem Wärmeverbrauch wird bei Gasmotoren noch der Gasverbrauch in

Nm³ pro PSh und bei flüssigen Brennstoffen deren Verbrauch in gr pro PSh herangezogen. Die Zahlentafel 25 zeigt, wie sich im Laufe der Entwicklung der Wirkungsgrad der verschiedenen Motoren gebessert hat.

b) Gasmotoren

Nachdem Otto und Langen schon im Jahre 1867 die erste betriebssichere und marktfähige Gasmaschine, den Flugkolbenmotor, erfunden hatten, brachte Otto im Jahre 1878 eine neue Gasmaschine mit Kurbeltrieb auf den Markt, den sogenannten Ottoschen Viertaktmotor.

Mit ihm war das Urbild der heutigen Verbrennungsmaschine geschaffen. Das von Otto zuerst in die Tat umgesetzte Arbeitsverfahren besteht in folgendem: Beim ersten Hub des Kolbens wird das brennbare Gas-Luftgemisch angesaugt, beim zweiten wird es verdichtet, kurz vor dem Totpunkt wird es entzündet, beim dritten Hub erfolgt die Verbrennung und Expansion. Dann wird kurz vor dem Hubende das Auslaßorgan geöffnet, so daß der größte Teil der Verbrennungsgase auspufft. Beim vierten Takt wird bis auf einen Rest, der im Kompressionsraum zurückbleibt, der weitere Teil ausgeschoben. Das Arbeitsverfahren braucht also 2 Umdrehungen der Welle oder 4 Hübe zur Ausführung und heißt deshalb Viertaktverfahren. Die Maschine besaß einen Einlaßschieber und ein durch einen Nocken gesteuertes Auslaßventil. Der Einlaßschieber wurde sehr bald durch ein Ventil ersetzt. Aber ebenso wie heute das

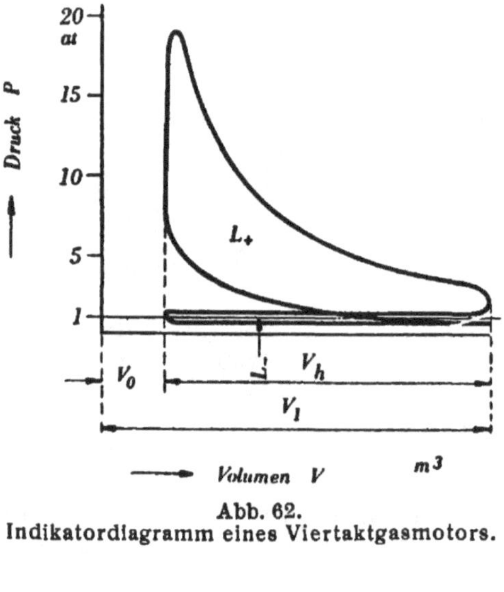

Abb. 62.
Indikatordiagramm eines Viertaktgasmotors.

Leuchtgas wieder als Treibstoff für Lastautos und Omnibusse im Stadtbezirk Verwendung findet, wird auch im Flugmotorenbau die Schiebersteuerung wieder versucht, da sie konstruktive und wärmetechnische Vorteile besitzt. Die Abb. 62 zeigt das Indikatordiagramm eines Ottomotors.

Der am oberen Totpunkt mit Gas gefüllte Raum zwischen Kolbenboden und Zylinderkopf heißt der Kompressionsraum V_0. Das Verhältnis des Raumes V_1, der am Ende des Ansaugens mit Gas gefüllt ist, zum Kompressionsraum nennt man das Kompressionsverhältnis

$$\varepsilon = \frac{V_1}{V_0} = \frac{V_0 + V_h}{V_0} = 1 + \frac{V_h}{V_0}.$$

V_h ist hierin das Hubvolumen. Das Kompressionsverhältnis eines Ottomotors liegt zwischen 4 und 12, je nach der Art des verwendeten Kraftstoffes.

Das Indikatordiagramm setzt sich aus zwei Teilen zusammen, einem positiven Arbeit leistenden und einem negativen Arbeit verbrauchenden Teil. Die indizierte Arbeit L_i wird deshalb

$$L_i = L_+ - L_-.$$

Außer diesen beiden Arbeitsflächen treten im Indikatordiagramm, siehe Abb. 63, noch 4 Arbeitsflächen auf:

1. L_4 die Ansaugearbeit,
2. L_2 die Kompressionsarbeit,
3. L_1 die Expansionsarbeit,
4. L_3 die Ausschubarbeit.

Sie ergeben

$$L_5 = L_1 - L_2$$

die innere Arbeit, das ist die Arbeit, welche pro Spiel aus Wärme in mechanische Arbeit verwandelt wird, und

$$L_6 = L_3 - L_4$$

die Pumpenarbeit, welche zum Füllen und Entladen des Zylinders aufgewendet wird. Es ist natürlich

$$L_i = L_5 - L_6.$$

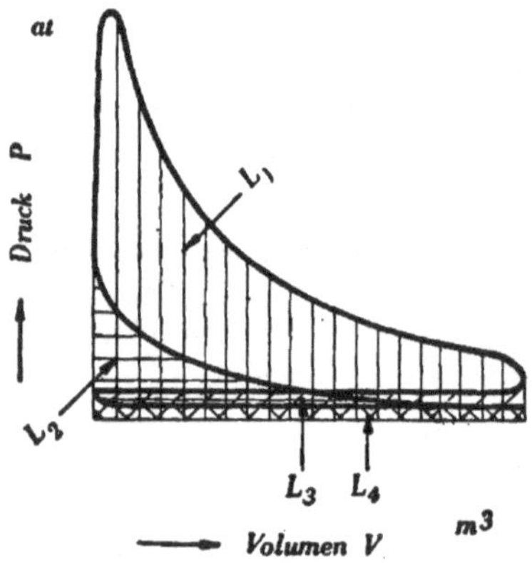

Abb. 63. Indikatordiagramm eines Viertaktgasmotors. L_1 Expansionsarbeit, L_2 Kompressionsarbeit, L_3 Ausschubarbeit, L_4 Ansaugarbeit.

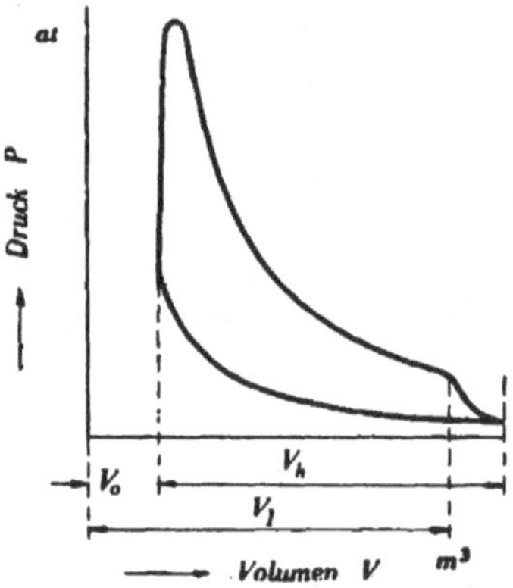

Abb. 64. Indikatordiagramm eines Zweitaktmotors.

Das dem Ottoschen Viertaktverfahren entsprechende Zweitaktverfahren wurde auch schon 1878 von Clerk erfunden. Es hat mit dem Ottoverfahren die Kompression und die Expansion gemeinsam. Es unterscheidet sich von ihm in der Entleerung und Füllung des Zylinders. Da sie wegen des Zweitaktes nicht vom Kolben ausgeführt werden können, geschehen sie durch 2 Pumpen, einer Luft- bzw. Spülpumpe und einer Gaspumpe, die von der Kurbelwelle angetrieben werden und deren Indikatordiagramme die negativen Flächen darstellen. Die Abb. 64 zeigt das Indikatordiagramm eines Zweitaktmotors. Trotz der augenfälligen Vorteile des Zweitaktes, bestehend in einem vollen Arbeitsspiel pro Umdrehung, hat sich der Zweitakt nur bei großen ortsfesten Maschinen durchgesetzt.

c) Der Vergleichsprozeß des Ottomotors

Um die thermischen Eigenschaften des Ottoverfahrens studieren zu können, muß man wie bei der Dampfmaschine einen Vergleichsprozeß aufstellen. Er ist aber hier viel willkürlicher. Es werde zunächst ein näherungsweiser, aber sehr übersichtlicher, von Witz aufgestellter, betrachtet. Man sieht ab von der Drosselung in den Ventilen, so daß keine negative Diagrammfläche entsteht, und vom Wärmeaustausch zwischen dem Gas und den Zylinderwänden. Außerdem wird der Vergleichsprozeß als umkehrbarer Kreisprozeß mit einem vollkommenen Gas ausgeführt und hierbei die Verbrennung durch eine äußere Wärmezufuhr ersetzt. So entseht der in den Abb. 65 und 66 im Pv- und im Ts-Diagramm abgebildete Vergleichsprozeß, bestehend aus 2 Adiabaten und 2 Isochoren. Sein thermischer Wirkungsgrad wird

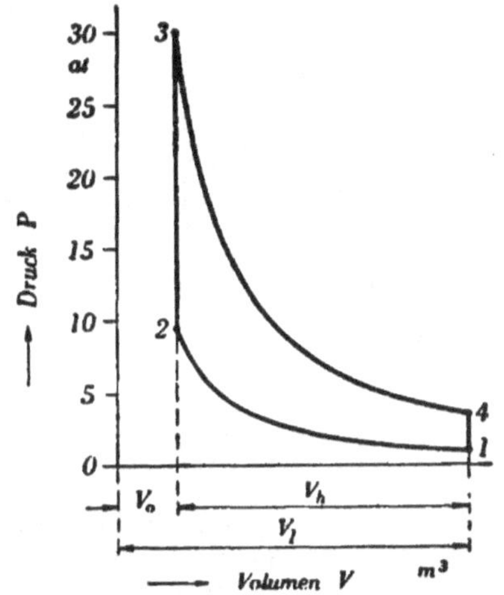

Abb. 65. *Pv*-Diagramm des Ottoprozesses.

$$(46) \quad (\eta_t)_{\max} = \frac{AL_0}{Q_1} = \frac{Q_1 - Q_2}{Q_1} = 1 - \frac{1}{\varepsilon^{\varkappa - 1}}.$$

Zahlentafel 26

Thermischer Wirkungsgrad des Witzprozesses ($\varkappa = 1{,}40$)

Kompr.verh. ε ...	4	5	6	7	8	9	10	12
thermischer Wirkungsgrad η_t ...	0,426	0,475	0,511	0,541	0,565	0,585	0,602	0,630

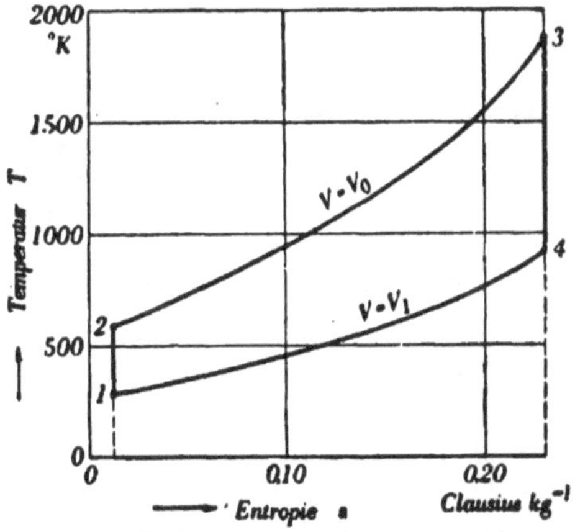

Abb. 66. *Ts*-Diagramm des Ottoprozesses.

Er ist also nur vom Exponenten der Adiabate $\varkappa$ und vom Kompressionsverhältnis ε abhängig. Die Zahlentafel 26 und die Abb. 67 zeigen den Einfluß des Kompressionsverhältnisses auf den thermischen Wirkungsgrad.

Der thermische Wirkungsgrad nimmt also beträchtlich mit steigender Kompression zu. Bemerkenswert am Er-

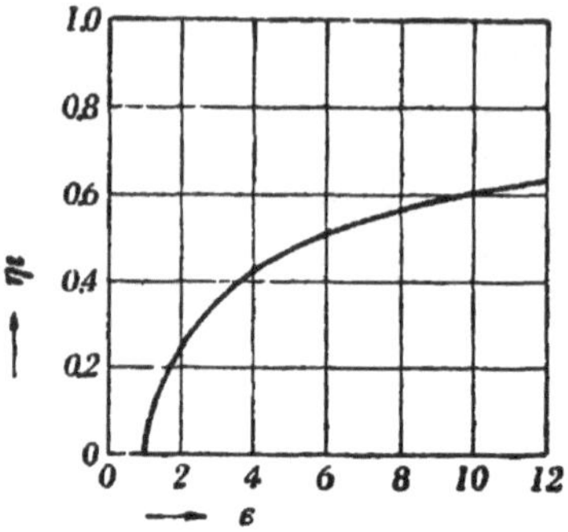

Abb. 67. Thermischer Wirkungsgrad des Ottoprozesses.

gebnis ist, daß der Wirkungsgrad nicht von der Verbrennungstemperatur, also der Wärmezufuhr abhängig ist. Beim selben Kompressionsverhältnis ist also der Wirkungsgrad unabhängig vom mittleren indizierten Druck.

Der Witzsche Vergleichsprozeß versagt bei genaueren Betrachtungen, da er nur näherungsweise Ergebnisse liefert. Bei dem neuen Vergleichsprozeß muß man die Veränderlichkeit der spezifischen Wärme der Gase mit der Temperatur berücksichtigen; die Gasladung ist also als halbvollkommenes Gas zu betrachten. Außerdem muß man einen offenen Prozeß mit isochorer Verbrennung zugrunde legen.

Nach Berechnungen von Schnell ist dann der thermische Wirkungsgrad des Vergleichsprozesses außer vom Kompressionsverhältnis auch noch von der Art des Brenngases und von der Luftüberschußzahl abhängig. Die Zahlentafel 27 zeigt diese Einflüsse.

Zahlentafel 27

Thermischer Wirkungsgrad für Generatorengas

Kompressionsverhältnis	ε	4	6	9
Luftüberschußzahl	1	0,324	0,398	0,463
λ	1,2	0,334	0,409	0,474
	1,5	0,345	0,420	0,487

Bei der Ausführung ergeben sich gegenüber dem Vergleichsprozeß folgende Arbeitsverluste:

1. durch Wärmeaustausch mit den Zylinderwänden,
2. durch Drosselung in den Ventilen,
3. wegen der unvollkommenen Verbrennung,
4. wegen der endlichen Verbrennungszeit,
5. durch Undichtheiten des Kolbens und der Ventile.

Sie werden wieder in dem indizierten Wirkungsgrad zusammengefaßt. Er schwankt zwischen 60 und 82%. Berücksichtigt man nur den Wandwirkungsverlust, indem man den Wärmeaustausch mit der Formel von Nußelt S. 46 berechnet, so ergibt sich nach Hecker ein indizierter Wirkungsgrad von 0,80—0,85. Der Wandwirkungsverlust beträgt also 15 bis 20%.

Bei der Berechnung des Vergleichsprozesses war vollkommene Verbrennung vorausgesetzt worden. Man kann ihn noch besser der Wirklichkeit anpassen, wenn man bei der Verbrennung die Dissoziation berücksichtigt. So fand Kühl bei der Berechnung des Vergleichsprozesses mit Benzin (n-Heptan), daß die Dissoziation z. B. bei $\varepsilon = 6$ und $\lambda = 1{,}0$ den theoretischen Wirkungsgrad von 0,398 auf 0,381 herabsetzt. Bei anderen Luftüberschußzahlen ist die Abweichung kleiner.

d) Die Verbrennung im Motor

Hecker zeigte noch, daß die Annahme einer endlichen Verbrennungszeit den thermischen Wirkungsgrad beträchtlich herabsetzt.

Kuchtner, Schnauffer und F. Müller haben die mittlere Zündgeschwindigkeit im laufenden Motor gemessen und Werte von 3 bis 30 ms^{-1} gefunden. Sie zeigt dieselbe Abhängigkeit von der Luftüberschußzahl wie die Abb. 3 und nimmt beträchtlich mit der Umdrehungszahl zu.

Neben dieser normalen Verbrennung im Motor, die den im Abschnitt I beschriebenen Gesetzen folgt, tritt bei besonderen Brennstoffen und gewissen Betriebsbedingungen eine sehr schnelle Verbrennung mit heftiger Drucksteigerung bei abfallender Motorleistung auf. Man nennt diese Erscheinung das Klopfen des Motors. Sie führt zu einer schnellen Beschädigung desselben und muß im Betrieb vermieden werden.

Das Klopfen stellt sich z. B. bei gleichen Betriebsbedingungen ein, wenn man das Kompressionsverhältnis steigert. Mit steigender Tourenzahl nimmt die Neigung zum Klopfen ab.

Als praktisches Maß für die Klopffestigkeit eines Brennstoffes hat man die Oktanzahl eingeführt. Sie wird für den zu untersuchenden Brennstoff in einem besonderen Prüfmotor bei genau einzuhaltenden Betriebsbedingungen gemessen. Bei ihrer Bestimmung wird der zu prüfende Brennstoff mit einem Normalbrennstoff verglichen. Der Versuchsmotor besitzt ein veränderliches Kompressionsverhältnis. Es wird das Kompressionsverhältnis ermittelt, bei welchem beide Brennstoffe den Motor zum Klopfen bringen. Der Vergleichsbrennstoff besteht aus Mischungen von Isooktan und n-Heptan. Die Oktanzahl gibt jene Isooktanmenge in Volumprozenten an, die der Vergleichsbrennstoff enthalten muß, damit er die gleiche Klopffestigkeit besitzt wie der zu prüfende Brennstoff. Die Abb. 68 zeigt für den Prüfmotor den Zusammenhang zwischen Oktanzahl und Kompressionsverhältnis. Die Oktanzahl 100 hat also ein Treibstoff mit derselben Klopffestigkeit wie Isooktan. Durch Extrapolation der Kurve kann man auch Oktanzahlen über 100 messen.

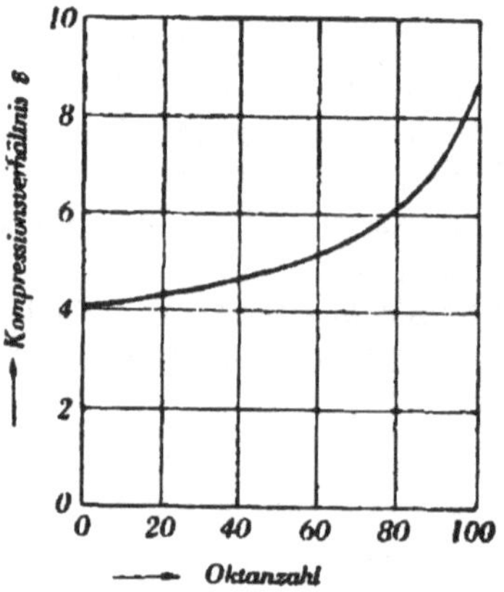

Abb. 68.
Zusammenhang zwischen Oktanzahl und Kompressionsverhältnis.

Ein neues Verfahren zur Prüfung der Klopfneigung eines Kraftstoffes im Motor wurde von der deutschen Versuchsanstalt für Luftfahrt ausgearbeitet. Es besteht darin, den höchstzulässigen Aufladedruck des Motors als Maß für die Klopfneigung des Brennstoffs zu wählen.

Früher war man der Ansicht, daß beim klopfenden Betrieb nach der Zündung eine normale Verbrennung einsetzt, die dann plötzlich in die Explosionswelle übergeht. Man nahm an, daß das Auftreten der Explosionswelle die Ursache des Klopfens ist. Nach den Versuchen von Weinhart steht aber nun fest, daß das Klopfen durch die Selbstzündung des Gasrestes im Zylinder veranlaßt wird. Durch das Fortschreiten der Verbrennung im Motor von der Zündkerze aus werden die entfernter liegenden Gemischmengen komprimiert. Werden sie dabei über die Selbstentzündungstemperatur erwärmt, so besteht die Möglichkeit des Klopfens. Je nachdem der Zündverzug kürzer oder länger ist als die Zeit, die die Flamme nach dem Erreichen der Selbstentzündungstemperatur noch braucht, um den Gasrest zu verbrennen, tritt Klopfen ein oder nicht. In der Abb. 69 ist auf Grund dieser Betrachtung gezeigt, wie man an einem Motor auf graphischem Wege feststellen kann, ob der Motor bei Verwendung eines gegebenen Brennstoffes klopft oder nicht. *a*, *b*, *c*, *d* ist in der Abbildung der Verlauf des Kompressions- und Verbrennungsdruckes über der Zeit für nicht klopfenden Betrieb. Er kann entweder einem Versuch entnommen werden oder mittels der Wärmeübergangszahl und Zündgeschwindigkeit berechnet werden. Es werden nun 2 Kraftstoffe mit verschiedener Selbstentzündungstemperatur und verschiedenem Zündverzug herangezogen. In den Punkten *b* bzw. *c* sei für beide die Selbstentzündungstemperatur erreicht. Längs der Kurve *bd* bzw. *cd* wird nun für jeden Punkt der Verbrennungslinie der Zündverzug nach rechts aufgetragen. So erhält man die beiden Kurven *ef* und *gh*. Zur Zeit *i* ist im Punkt *d* der Höchstdruck und damit das Ende der Verbrennung erreicht. Die Kurve *gh* des 2. Kraftstoffes zeigt, daß für diesen die Entzündung des Gasrestes erst im Punkte *k* eintreten könnte. Dieser Zeitpunkt liegt aber nach dem Ende der Verbrennung; dieser Kraftstoff kann also nicht zum Klopfen führen. Anders liegt es beim ersten Kraftstoff, für den die Kurve *ef* gilt. Sie zeigt, daß die Zündung des Gasrestes im Punkt *l*, also zur Zeit *m*, erfolgt. Da

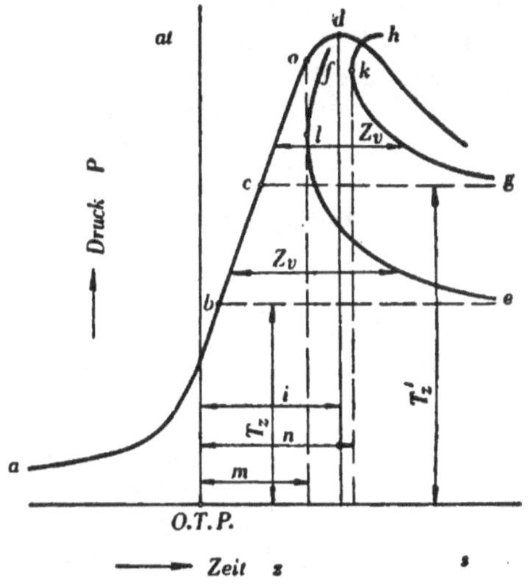

Abb. 69. Graphische Prüfung der Klopffestigkeit eines Brennstoffes auf Grund des Zündverzuges.

zu dieser Zeit, da sie vor dem Erreichen des Höchstdruckes liegt, noch ein unverbrannter Gasrest vorhanden ist, verbrennt der nun plötzlich und die Maschine klopft. Im Punkte 0 der Verbrennungskurve erfolgt also unter starker Drucksteigerung der Klopfstoß.

Den starken Einfluß des Wärmeüberganges auf die Klopffestigkeit zeigt eine Versuchsreihe von Ricardo über den Einfluß der Maschinengröße auf die Klopfgrenze. Die Zahlentafel 28 enthält für einen aus 20% Benzol und 80% Benzin bestehenden Treibstoff, abhängig vom Zylinderdurchmesser, das höchstzulässige Kompressionsverhältnis.

Zahlentafel 28

Klopfgrenze, abhängig vom Zylinderdurchmesser

Zylinderdurchmesser mm ...	70	89	140	216
Kompressionsverhältnis ε .	7,9	7,5	6,2	5,4

Sie zeigt, daß mit zunehmender Zylindergröße die Klopfneigung zunimmt. Dies rührt daher, daß bei großen Zylindern die Kühlung der Gewichtseinheit der Ladung schlechter ist und demnach das Temperaturniveau im Zylinder steigt.

Um das Klopfen möglichst hintan zu halten, muß man durch die Lage der Zündkerze dafür sorgen, daß der zuletzt verbrennende Gasrest gut gekühlt ist. Man muß die Zündkerze da anbringen, wo es im Verbrennungsraum am heißesten ist, also über dem Auslaßventil. Dadurch wird die Zündkerze thermisch allerdings sehr stark beansprucht, denn bei der Verbrennung im Motor herrscht am Ende der Verbrennung dort die höchste Temperatur. Das an der Zündkerze liegende Gasteilchen wird zunächst bei konstantem Druck verbrannt und dann auf den Verbrennungsdruck komprimiert. Das zuletzt im Zylinder verbrennende Gemischteilchen wird dagegen zuerst auf den Verbrennungsenddruck komprimiert, um erst dann isobar zu verbrennen. Trägt man beide Zustandsänderungen ins Wärmediagramm ein, so erkennt man leicht, daß es an der Zündkerze am heißesten im Zylinder wird.

Midgley hat 1920 gefunden, daß Zusätze von Metallverbindungen zum Kraftstoff in Mengen, die unter $1^0/_{00}$ liegen, eine Verringerung der Klopfneigung herbeiführen. Solche Antiklopfmittel sind z. B. Anilin, Bleitetraäthyl und Eisenkarbonyl. Ihre Wirkung ist zum Teil auf eine Herabsetzung der Selbstentzündungstemperaturen zurückzuführen. Die Zahlentafel 29 zeigt diesen Einfluß.

Zahlentafel 29

Einfluß von Antiklopfmitteln auf die Selbstentzündungstemperatur von *n*-Hexan

ohne Zusatz 338 °C	mit 0,1% $Fe(CO)_5$ 410 °C
mit 1% $Pb(C_2H_5)_4$ 487 °C	mit 1% $Fe(CO)_5$ 456 °C

Durch schlecht gekühlte Teile der Zylinderwand kann Selbstentzündung eintreten, die sogenannte Glühzündung. Diese Frage ist von Schnauffer studiert worden. Er führte in den Zylinder elektrisch geheizte Röhrchen ein und stellte fest, bei welchen Temperaturen sie zur Selbstentzündung führten. Er nannte diese Temperaturen Glühzündtemperaturen. Die Zahlentafel 30 zeigt seine Ergebnisse.

Zahlentafel 30

Glühzündtemperaturen

	Selbstentzündungs-temperatur °C	Glühzünd-temperatur °C
Benzin	330	840
Benzol	670	880

Die aus der Tabelle zu entnehmenden hohen Glühzündtemperaturen sind wohl durch den Zündverzug zu erklären.

Bei der thermischen Untersuchung eines Motors ist das Indikatordiagramm das wichtigste Hilfsmittel. Für raschlaufende Motoren steht jetzt der piezoelektrische Indikator zur Verfügung. Es ist zweckmäßig, Zeit-Druckdiagramme beim Versuch aufzunehmen, da man mit ihnen besser den Verlauf der Verbrennung studieren kann als an Hand des Druckkolbenweg-Diagrammes. Den Temperaturverlauf kann man daraus mit der Gasgleichung berechnen. Bei Ottomotoren treten sehr hohe Verbrennungstemperaturen auf. Man hat schon Verbrennungstemperatur von 2800° K gemessen.

Sehr wichtig für die Beurteilung eines Motors ist seine Wärmebilanz. Die Zahlentafel 31 zeigt eine solche nach Versuchen von Eichelberg.

Zahlentafel 31

Wärmebilanz eines Zweitaktschiffsdieselmotors von 5500 PS_e bei $n = 126{,}6$

effektive Leistung	41,2 %
Kühlwasser	19,4 %
Abgaswärme	36,4 %
Restglied	3,0 %
	100,0

e) Regelung und Zweitakt

Die Regulierung der effektiven Leistung ist bei der Verbrennungsmaschine nicht in so weiten Grenzen möglich wie bei der Dampfmaschine und Dampfturbine. Man unterscheidet die Quantitäts- oder Füllungsregulierung und die Qualitäts- oder Gemischregulierung.

Bei der Füllungsregulierung wird durch Drosselung in der Ansaugeleitung der Unterdruck des angesaugten Gemisches am Ende des Ansaugens geändert. Bei verschiedenen Leistungen bleibt die Luftüberschußzahl konstant. Man hat damit in weiten Grenzen gleichen thermischen Wirkungsgrad. Außerdem erhält man bei kleinen Leistungen kleine Triebwerksdrucke und damit guten mechanischen Wirkungsgrad, da mit sinkender Leistung der höchste Verbrennungsdruck abnimmt. Bei kleinen Leistungen wird die Pumpenarbeit beträchtlich, so daß der thermische Wirkungsgrad hier sinkt.

Bei der Gemischregelung wird bei konstantem Ansaugedruck die Luftüberschußzahl geändert. Die Füllung bleibt hier konstant, aber bei verkleinerter Leistung wird die Gasmenge abgedrosselt. Dadurch tritt eine Verlangsamung der Verbrennung und damit eine Verminderung des thermischen Wirkungsgrades ein. Bei Großgasmaschinen kombiniert man beide Methoden. Sehr einfach kann man auf Kosten des Wirkungsgrades kleine Maschinen durch Verlegung des Zündzeitpunktes in der Leistung ändern.

Die Leistung einer Viertaktgasmaschine kann durch Spülung der Restgase im Kompressionsraum mittels eines Spülgebläses erhöht werden. Sie kann noch weiter, bis zu 40%, durch Überladung gesteigert werden.

Bei Zweitaktmaschinen stehen für das Spülen und Laden des Zylinders nur 40—60° Kurbelwinkel zur Verfügung. Um die nötigen Durchflußquerschnitte zu erzielen, hat sich hier von Anfang an die Auslaßsteuerung durch Schlitze in der Zylinderwand, die durch den Kolben gesteuert werden, bestens bewährt. Am Ende der Expansion öffnen die Auslaßschlitze, dann pufft der größte Teil der Verbrennungsgase aus. Ist der Atmosphärendruck erreicht, so öffnet das Einlaßventil, und durch die Luftpumpe wird mit einem Überdruck von etwa 0,25 at Luft durch den Zylinder geblasen, um die restlichen Verbrennungsgase auszuspülen. Ist dies beendet, so wird durch das Gasventil das Brenngas eingeführt. Die Füllung mit Gas muß beendet sein, wenn durch den Rückgang des Kolbens die Schlitze geschlossen werden, weil dann die Kompression der Zylinderladung beginnt.

Sehr erfolgreich war die Doppelkolbenmaschine von Öchelhäuser und Junkers. Sie arbeitete ganz ohne Ventile und nur mit Schlitzen. Der eine Kolben steuerte Gas- und Luftschlitze, der andere die Auspuffschlitze. Diese Konstruktion ergab eine sehr gute Spülung und einen geschlossenen Verbrennungsraum.

f) Abwärmeverwertung

Normaler Weise beträgt die Auslaßtemperatur des Kühlwassers 30 bis 50° C. Man kann sie erhöhen und dadurch zur Heißkühlung übergehen. Das hat besonders bei Flugmotoren den Vorteil, daß der Kühler und damit der schädliche Stirnwiderstand kleiner wird. Unter Verwendung von Glykol als Kühlflüssigkeit geht man dabei mit der Austrittstemperatur bis auf 150° C.

Betrachtet man den Ottoprozeß im Ts-Diagramm, so erkennt man, siehe Abb. 70, daß die nicht in Arbeit umgesetzte Wärme zum großen Teil bei sehr hohen Temperaturen abgeführt wird. Es könnte davon noch ein beträchtlicher Teil in mechanische Arbeit umgesetzt werden. Man hat bei Großgas-

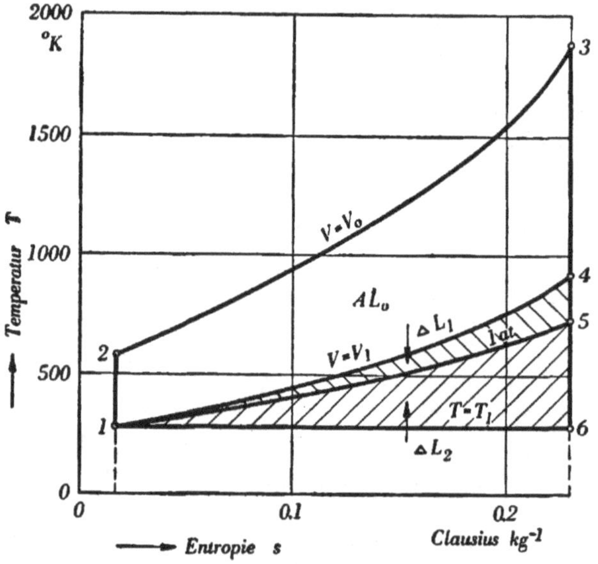

Abb. 70. Ausnutzbare Abwärmen des idealen Ottoprozesses.

maschinen mit Erfolg versucht, aus den Abgasen und aus der Kühlwasserwärme noch mechanische Arbeit zu gewinnen. Man läßt die Abgase durch einen Abhitzekessel strömen und erzeugt damit überhitzten Wasserdampf. Dadurch, daß man den Kühlmantel unter Überdruck setzt und zur Verdampfungskühlung übergeht, erhält man eine weitere arbeitsfähige Dampfmenge. Den so ohne äußere Wärmezufuhr gewonnenen Dampf benutzt man dann in Dampfzylindern zur Arbeitsleistung.

Nach Versuchen von Stevens hat eine mit Generatorgas betriebene M. A. N. Großgasmaschine einen Wärmeverbrauch von 1920 kcal/PS$_i$h und damit einen thermischen Wirkungsgrad von

$$\eta_t = \frac{632}{1920} = 0{,}329 .$$

Dabei wird der indizierte Wirkungsgrad der Maschine $\eta_i = 0{,}82$. Aus den Abgasen können nun pro 1 PS$_i$h 1 kg Heißdampf von

16 at und 300° C erzeugt werden. Läßt man diesen Dampf in einer Kolbendampfmaschine Arbeit leisten bei einem Gegendruck von 0,06 at und einem indizierten Wirkungsgrad von 0,70, so können damit noch

$$N_{i2} = 0{,}243 \text{ PS}_i\text{h kg}^{-1}$$

gewonnen werden. Damit erhöht sich der thermische Wirkungsgrad auf

$$\eta_t = \frac{632\,(1 + 0{,}243)}{1920} = 0{,}409\,.$$

Nun kann man aus der Kühlwasserwärme noch 0,6 kg Sattdampf von 6 at pro 1 PS$_i$h des Gasmaschinenzylinders erzeugen. Hieraus können unter den gleichen Bedingungen wie oben noch

$$N_{i3} = 0{,}107 \text{ PS}_i\text{h kg}^{-1}$$

erzeugt werden. Man erhält so für die gesamte Maschinenanlage einen thermischen Wirkungsgrad von

$$\eta_t = \frac{632\,(1 + 0{,}243 + 0{,}107)}{1920} = 0{,}445\,,$$

d. h. 44,5% der im Kraftgas der Maschine zugeführten Energie wird in indizierte mechanische Arbeit verwandelt.

g) Der Vergasermotor

Beim Vergasermotor strömt der Brennstoff dem Motor flüssig zu. Er durchströmt den Vergaser. Er hieße besser Zerstäuber, denn in ihm findet nur eine Zerstäubung und Mischung des Brennstoffes mit der Luft statt. Er besitzt in der Ansaugeleitung eine düsenartige Verengung, durch welche in der strömenden Luft ein Unterdruck entsteht, der das Ansaugen des flüssigen Brennstoffes bewirkt. Der Brennstoff tritt durch eine enge Düse ein und trifft auf den Luftstrom, der eine hohe Geschwindigkeit hat. Diese bewirkt die Zerstäubung und Mischung des Brennstoffes. Es bildet sich ein Brennstoffnebel, dessen Tröpfchen im Mittel einen Durchmesser von 0,020 mm haben. Diese feine Aufteilung des Brennstoffes ist nötig, um die genügend große Flüssigkeitsoberfläche für die Verdampfung des Brennstoffes zu erhalten. Die Verdampfung selbst erfolgt unter gleichzeitiger Abkühlung in dem Ansaugerohr zwischen Vergaser und Einlaßventil des Motors. Meist tritt wohl noch ein, wenn auch kleiner Teil des Brennstoffes flüssig in den Zylinder ein. Dieser wird dann während der Kompression verdampft. Damit der Brennstoff noch in der Ansaugeleitung zur Verdampfung kommt, können im Vergasermotor nur leicht siedende Brennstoffe verarbeitet werden, wie Benzin, Spiritus, Naphthalin. Die Abb. 71 zeigt die Siedekurven einiger flüssiger Brennstoffe.

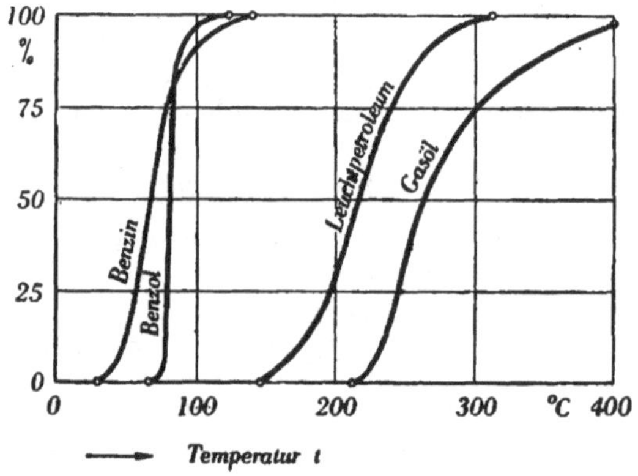

Abb. 71. Siedekurven einiger flüssiger Brennstoffe.

Man hat immer wieder versucht, durch Vorheizen des Vergasers mit den Abgasen auch hochsiedendes Öl, wie Gas- und Paraffinöle, im Vergasermotor zu verarbeiten, aber bisher vergebens. Es gelingt zwar eine teilweise Verdampfung in der Ansaugeleitung, aber die in den Zylinder eintretenden Öltröpfchen schlagen sich an der Zylinderwand nieder und verkoken dort.

Das am Ende der Kompression im Zylinder vorhandene Dampfluft-Gemisch wird ebenso wie das Gasluftgemisch beim Gasmotor weiter verarbeitet.

Bei wechselnder Belastung ändert sich das Mischungsverhältnis im Vergaser. Da die Zündgrenzen der flüssigen Brennstoffe sehr eng sind, müssen besondere Hilfseinrichtungen im Vergaser angewendet werden, um bei allen Leistungen ein zündfähiges Gemisch zu erhalten.

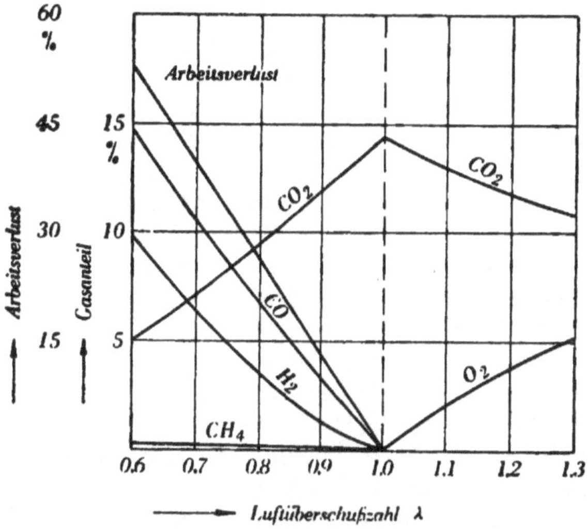

Abb. 72. Zusammensetzung der trockenen Abgase beim Betrieb mit *n*-Heptan.

Um eine Höchstleistung aus der Maschine zu erhalten, arbeitet man bei Vergasermaschinen vielfach mit Luftmangel. Es stellt sich dann in den Auspuffgasen das Wassergasgleichgewicht ein, gemäß der Gleichung

$$\frac{CO \cdot H_2O}{CO_2 \cdot H_2} = 3{,}8 .$$

Aus dieser Beziehung erfolgt die in der Abb. 72 dargestellte Zusammensetzung der Abgase. Meist sind bei Luftmangel noch Spuren von Methan vorhanden, die wohl durch die Reaktion

$$CO + 3\,H_2 = CH_4 + H_2O$$

entstehen. Bei Luftmangel tritt durch die unvollkommene Verbrennung ein Verlust an Arbeit ein, der auch in die Abb. 71 eingezeichnet ist.

h) Der Ölmotor

Bei diesem tritt der Brennstoff in flüssigem Zustand in den Zylinder ein. Als Treibstoffe dienen sogenannte schwer siedende Öle, deren Siedetemperatur über 200° C liegt. Es sind dies Leuchtpetroleum, Gasöl, Paraffinöl, Steinkohlenteeröl, Teer, Masut und neuerdings auch Benzin. Die Schwierigkeit im Bau und Betrieb von Ölmaschinen liegt in der kurzen Zeit, die für die Aufbereitung, Mischung mit Luft und für die Verbrennung des Brennstoffes zur Verfügung steht.

Beim Hornsbymotor enthielt der Zylinderkopf eine nicht gekühlte Vorkammer als Teil des Kompressionsraumes, in welche der Brennstoff während des Ansaugens durch eine Brennstoffpumpe eingeführt wurde. Hier wie bei allen Ölmotoren wird reine Luft angesaugt. Der Brennstoff verdampft während des Kompressionshubes und wird durch die Kompressionswärme entzündet. Wegen der schlechten Mischung von Dampf und Luft hatte die Maschine den großen Brennstoffverbrauch von 400 gr/PS_eh.

Bedeutend besser arbeiten die Glühkopfmotoren. Diese haben auch eine ungekühlte Vorkammer, hier Glühkopf genannt. Gegen deren heiße Wand wird der Brennstoff während des Kompressionshubes durch eine Düse eingespritzt. Er zerstäubt dadurch und wird beim Auftreffen auf die Wand verdampft (Bolinder, Brons, Deutz, Lanz). Das Kompressionsverhältnis beträgt 6—9. Meist werden diese Maschinen im 2 Takt mit Schlitzsteuerung und Kurbelkastenspülung ausgeführt. Sie besitzen gar keine Ventile, sondern am Hubende zwei einander gegenüberliegende Schlitzreihen, eine für den Auspuff und eine für die Spülung. Sie sind deshalb von sehr einfacher Bauart und finden viel Verwendung als Antriebsmaschinen von Fischerbooten und Zugmaschinen.

Die wichtigste und erfolgreichste Ölmaschine ist der Dieselmotor (1897). Diesel wollte ursprünglich den Carnotschen Prozeß ausführen, bei dem er statt der Wärmezufuhr von einer Wärmequelle aus, die Wärme durch die Verbrennung eines Brennstoffes bei konstanter Temperatur im Zylinder des Motors erzeugen wollte. Als Brennstoff wollte er Gas und Kohlenstaub verwenden. Er erkannte aber bald, daß die isotherme Kompression bei Umgebungstemperatur sich nicht ausführen läßt. Auch auf die vollkommene adiabatische Expansion bis auf den Druck der Atmosphäre mußte verzichtet werden. Nach den ersten Versuchen wurde zu flüssigen Brennstoffen (Leuchtpetroleum) übergegangen und nach einigen weiteren Versuchen auch auf die isotherme Verbrennung verzichtet.

Der erste betriebsfähige Dieselmotor arbeitete so nach dem folgenden Viertaktverfahren: Die angesaugte Luft wurde auf 30 at komprimiert. Kurz vor dem oberen Totpunkt wurde mit der Einspritzung des Brennstoffes mittels Druckluft begonnen, die so gesteuert wurde, daß die Verbrennung bei konstantem Druck erfolgte. Hieran schloß sich Expansion, Auspuff und Ausschub. Der erste von Schröter untersuchte Motor von 20 PS hatte einen wirtschaftlichen Wirkungsgrad von 0,257 bzw. einen effektiven Wärmeverbrauch von 2460 kcal $PS_e h^{-1}$.

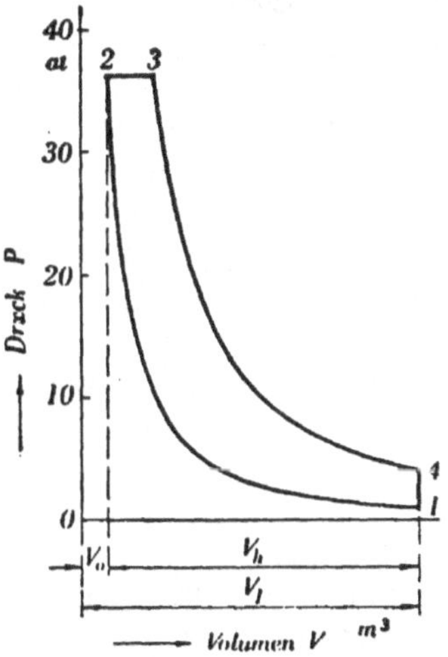

Abb. 73. Pv-Diagramm des klassischen Dieselmotors.

Diesem klassischen Dieselverfahren entspricht ein idealer umkehrbarer Vergleichsprozeß, der aus 2 Adiabaten und 2 Isochoren besteht, siehe die Abb. 73. Von Güldner wurde dafür die folgende Formel für den thermischen Wirkungsgrad aufgestellt

$$\eta_t = 1 - \frac{1}{\varkappa} \cdot \frac{1}{\varepsilon^{\varkappa-1}} \cdot \frac{\varphi^{\varkappa} - 1}{\varphi - 1}. \tag{47}$$

Hierin ist ε das Kompressionsverhältnis und φ der Füllungsgrad der Maschine V_3/V_0. Die Zahlentafel 22 zeigt diesen Zusammenhang.

Zahlentafel 32

η_t des klassischen Dieselprozesses ($\varkappa = 1{,}40$)

ε	4	10	12	14	16	18	20
$\varphi = 1$	0,425	0,601	0,629	0,652	0,670	0,685	0,701
2	0,326	0,532	0,565	0,592	0,613	0,631	0,649
3,5	0,215	0,455	0,494	0,525	0,549	0,570	0,592

Mit zunehmender Füllung nimmt also der Wirkungsgrad des Dieselmotors beträchtlich ab.

Das Wesen des Dieselmotors liegt also in der Kompression von reiner Luft auf eine Temperatur, die über der Selbstentzündungstemperatur des Öles liegt. Der Kompressor, der die Druckluft zu ihrer Einspritzung liefert, fördert auch die Luft zum Anlassen. Er wird vom Triebwerk des Motors angetrieben und erzeugt Druckluft von 50—60 at. Auf 1 kg Öl werden 2—3 kg Luft eingespritzt. Das Kompressionsverhältnis der Motoren betrug 14—16.

Die Druckluft mußte aber den Brennstoff nicht nur in den Arbeitszylinder einführen, sondern sie mußte ihn auch fein zerstäuben und mit der Verbrennungsluft mischen. Die Abb. 74 zeigt ein Indikatordiagramm des Dieselmotors. Das Arbeitsverfahren des klassischen Dieselmotors hat sich 20 Jahre namentlich bei Großmotoren gut bewährt. Auch erreichte man sehr gute Wärmeausnutzung. Aber bei Motoren mit kleinerer Leistung war der Hilfskompressor eine sehr unangenehme Beigabe. Man versuchte deshalb schon frühzeitig ihn zu umgehen.

Aber erst während des Weltkrieges gelang es Vickers, das kompressorlose Einspritzverfahren zu finden. Es besteht darin, daß man ohne Hilfe von Druckluft den Brennstoff

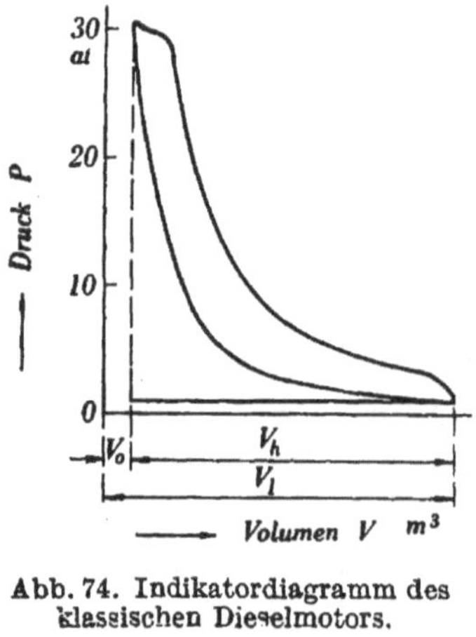

Abb. 74. Indikatordiagramm des klassischen Dieselmotors.

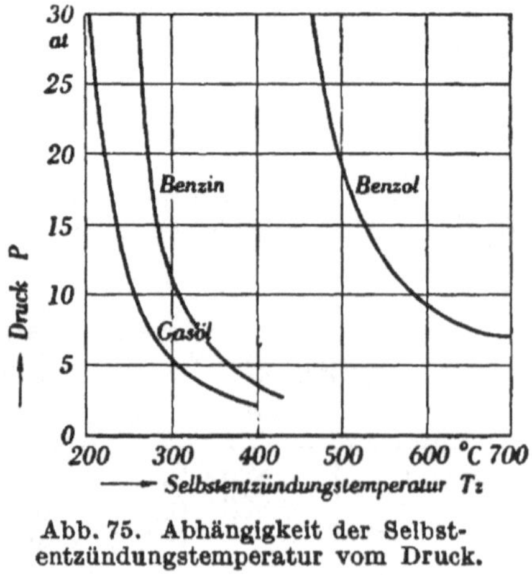

Abb. 75. Abhängigkeit der Selbstentzündungstemperatur vom Druck.

durch eine oder mehrere sehr enge Düsen mit hohem Flüssigkeitsdruck in den Kompressionsraum einspritzt, siehe Abb. 76. Infolge der hohen Geschwindigkeiten von 200—400 ms^{-1}, entsprechend Pumpendrücken von 200—600 at, wird durch die Reibung des Flüssigkeitsstrahles in der hochverdichteten Luft der Brennstoffstrahl sehr fein zerstäubt. Der aus der Düse austretende geschlossene Strahl bildet dann einen kegelförmigen Dampfnebel von 5—10° Strahlwinkel. Infolge der Reibung findet eine Abbremsung der Geschwindigkeit statt, so daß der Strahl nur eine gewisse Tiefe in die komprimierte Luft eindringt. Man nennt sie die Reichweite des Strahles.

Die mittlere Tropfengröße ist dabei etwa 0,010 mm. Die Zerstäubung dauert nur sehr kurze Zeit, so daß dieser mechanische Zündverzug gegen den thermischen und chemischen stark zurücktritt. Die Abb. 75 zeigt den Einfluß des Gasdruckes auf die Selbstentzündungstemperatur.

An die Zerstäubung schließt sich die Erwärmung und Verdampfung des Brennstoffes an, und gleichzeitig beginnt dessen pyrogene Zersetzung und stille Oxydation. Alle drei Vorgänge ergeben den Zündverzug, dessen Abhängigkeit von Druck und Temperatur für Gasöl die Abb. 8 veranschaulicht. Er ist das wichtigste Maß für die Verbrennung im Motor. Boerlage und Broeze glauben, daß die Zerfallneigung des Brennstoffmoleküles das wichtigste Merkmal für die Zündfähigkeit des Treibstoffes im Motor ist. Neben dem Zündverzug ist die Verbrennungszeit meist von geringerer Bedeutung, da normaler Weise zu einem geringen Zündverzug eine große Verbrennungszeit gehört und umgekehrt.

Entsprechend der Oktanzahl für den Ottomotor hat man für den Dieselmotor die Cetanzahl als praktisches Maß für den Zündverzug bzw. für die Eignung eines Brennstoffes für seine Verwendbarkeit im Motor (Zündwilligkeit) eingeführt. Der zu prüfende Brennstoff wird in einem Prüfdiesel derart untersucht, daß dessen Kompressionsverhältnis solange geändert wird, bis sich ein Zündverzug von 18° Kurbelwinkel ergibt. Als Eichstoff dient eine Mischung von Cetan mit α-Methylnaphthalin. Die Cetanzahl gibt dann den Raumteil in % von Zetan an, den der Eichstoff haben muß, um denselben Zündverzug im Prüfmotor bei gleichem Kompressionsverhältnis zu liefern wie der zu prüfende

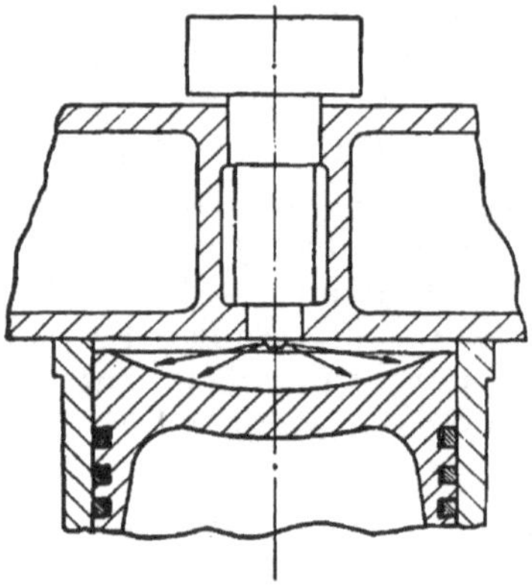

Abb. 76.
Dieselmotor mit Strahleinspritzung.

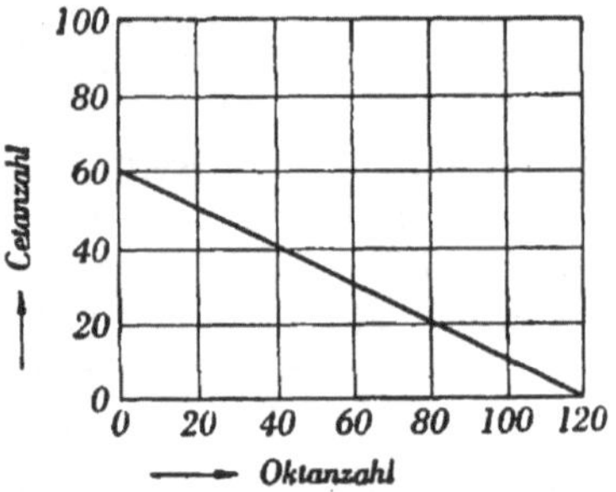

Abb. 77. Zusammenhang zwischen Oktanzahl und Zetanzahl nach Wilke.

Brennstoff. Je höher die Cetanzahl ist, desto kleiner ist der Zündverzug. Man sagt dann: er ist sehr zündwillig; Zwischen der Oktanzahl und der Cetanzahl eines Brennstoffs besteht ein linearer Zusammenhang. Die Abb. 77 zeigt diese Wilkegerade.

Als Einspritzorgan dient beim kompressorlosen Dieselmotor ein federbelastetes Einspritzventil, das bei Überschreiten eines bestimmten Pumpendruckes sich selbsttätig öffnet. Man spricht dann von einer geschlossenen Düse. Um den Brennstoff über den ganzen Kompressionsraum zu verteilen, muß man eine Mehrlochdüse benützen. Die direkte Einspritzung führt zu einer sehr schnellen Verbrennung. Man erhält ein Indikatordiagramm, siehe Abb. 78, mit einer Spitze, welches sich wieder dem Diagramm des Gasmotors annähert.

Als umkehrbaren Vergleichsprozeß wählt man am besten bei den kompressorlosen Dieselmotoren den Seiligerprozeß, siehe Abb. 79, bei welchem die Verbrennung zum Teil bei konstantem Volumen und zum Teil bei konstantem Druck erfolgt. Ist ψ das Verhältnis der isochor zugeführten Wärme zur gesamten Wärmezufuhr, so wird der thermische Wirkungsgrad dieses Vergleichsprozesses

$$\eta_t = 1 - \frac{\psi}{\varepsilon^{\varkappa-1}} - \frac{1-\psi}{\varphi - 1} \cdot \frac{1}{\varkappa\, \varepsilon^{\varkappa-1}} (\varphi^{\varkappa} - 1)\,.$$

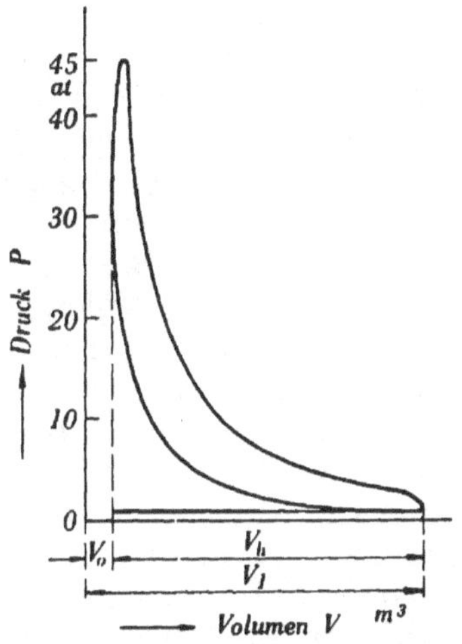

Abb. 78. Indikatordiagramm des kompressorlosen Dieselmotors.

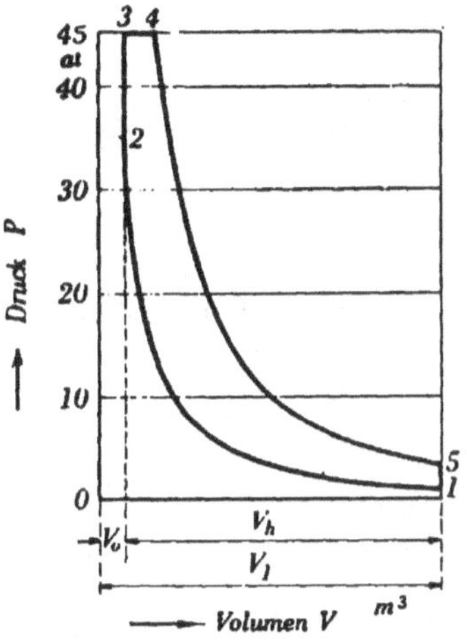

Abb. 79. *Pv*-Diagramm des Seiligerprozesses.

Will man für einen Versuch den Wirkungsgrad des Seiligerprozesses berechnen, so entnimmt man dem Indikatordiagramm den höchsten Verbrennungsdruck P_3 und führt ihn für ψ in die Formel ein. Setzt man $\frac{p_3}{p_1} = \zeta$, so wird

$$(48) \qquad \eta_t = 1 - \frac{\left(\frac{\varphi}{\varepsilon}\right)^{\varkappa} \zeta - 1}{\frac{\zeta}{\varepsilon}(1 + \varkappa(\varphi - 1)) - \varepsilon^{\varkappa - 1}}.$$

Bei kleinen Zylindern führt die direkte Einspritzung wegen des starken Druckanstieges zu einem harten Gang des Motors. Man hat deshalb eine Reihe von Sonderkonstruktionen erfunden.

Die verbreitetste davon ist die Vorkammermaschine, die sich aus dem Benzpatent entwickelt hat. Bei ihr wird mit Drücken von 60 bis 80 at das Öl in die Vorkammer des Zylinders eingespritzt, siehe Abb. 80. Diese ist durch eine Reihe von größeren Öffnungen mit dem Kompressionsraum verbunden.

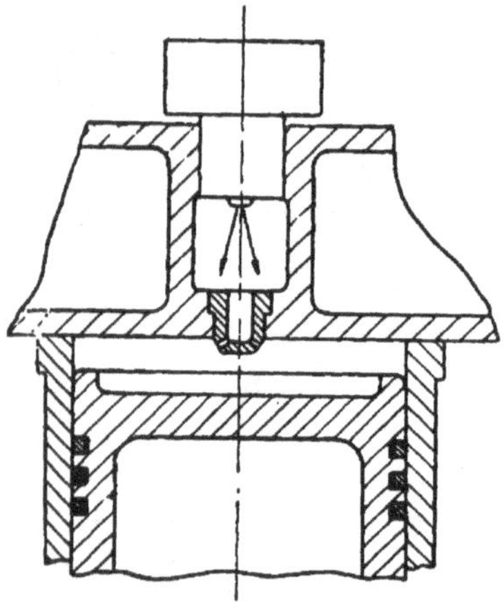

Abb. 80. Vorkammermaschine.

Nach dem Einspritzen des Brennstoffes findet in der Vorkammer eine Teilverbrennung statt. Durch den dabei entstehenden Überdruck gegen den Druck im Kompressionsraum strömt der Brennstoff mit großer Geschwindigkeit in diesen ein und wird dabei gut zerstäubt und mit der Verbrennungsluft gemischt. Diese Maschine zeichnet sich durch weichen Gang aus.

Eine andere Konstruktion besitzt einen Luftspeicher, siehe die Abb. 81, der entweder im Zylinderdeckel oder im Kolben sitzen kann. Hier wird der Brennstoff nicht in den Speicher, sondern in den Verbrennungsraum eingespritzt, aber am Verbindungskanal zwischen Speicher und Hubraum vorbei. Der Luftstrahl, der nach dem Erreichen des Totpunktes aus dem Speicher ausströmt, zerstäubt und verwirbelt dann den Brennstoff.

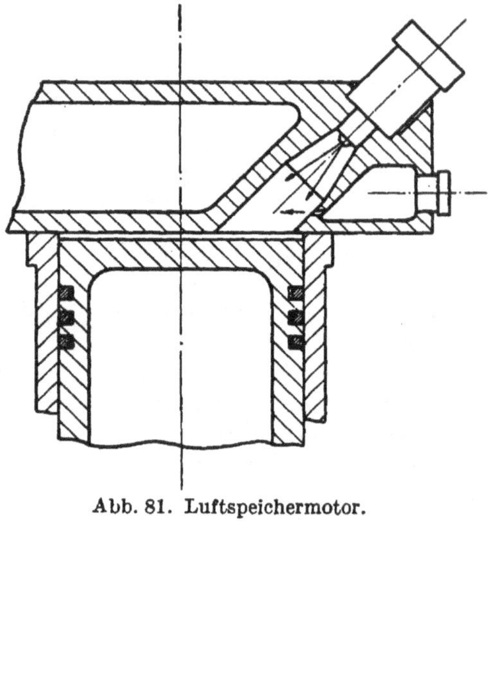

Abb. 81. Luftspeichermotor.

Beim Wirbelkammerverfahren, Abb. 82, ist eine scheibenförmige Kammer im Zylinderkopf vorhanden, in die tangential der Verbindungskanal mit dem Verbrennungsraum einmündet. Dadurch wird während der Kompression in der Kammer ein Ringwirbel erzeugt, in den auch tangential im Drehsinn der Brennstoff eingespritzt wird. Dies führt zu guter Mischung von Brennstoff und Luft.

Infolge seines besseren Wirkungsgrades im Vergleich zum Gasmotor ist beim Dieselmotor die Abwärme viel geringer, so daß eine Abwärmeverwertung nur wenig Erfolg bietet. Sie findet sich nur beim Stillmotor, der auf der einen Kolbenseite als Dieselmotor und auf der andern als Dampfmaschine läuft, deren Dampf aus der Abwärme des Dieselprozesses gewonnen wird.

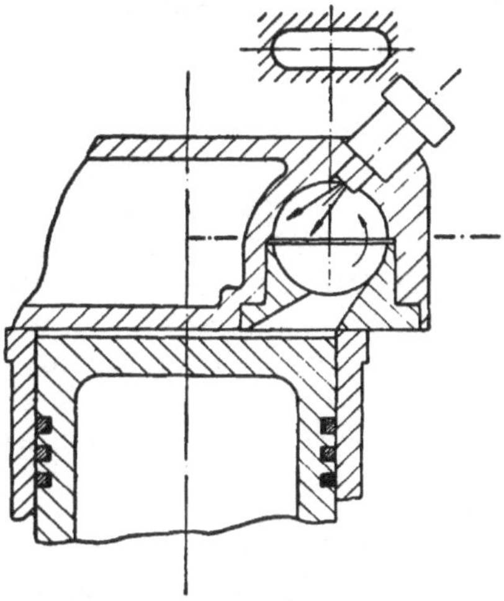

Abb. 82. Motor mit Wirbelkammer.

Bei Großdieselmaschinen hat sich der Zweitakt durchgesetzt. Dabei wurden besondere Spülverfahren ausgebildet, unter welchen sich die M. A. N. Umkehrspülung auszeichnet. Der einzige betriebsfähige Flugdieselmotor ist der Junkersmotor, der als Doppelkolbenmotor im Zweitakt mit tangentialer direkter Einspritzung arbeitet.

Während der klassische Dieselmotor mit einer Luftüberschußzahl von 1,8 bis 2,0 läuft, kommt man beim kompressorlosen Motor damit bis 1,1 bis 1,3 herunter. Man erhält dadurch eine bessere Literleistung.

Große Bedeutung, namentlich für Flugmotoren, hat das Arbeitsverfahren von Hesselmann gefunden. Es überträgt das Einspritzverfahren des kompressorlosen Dieselmotors auf den Benzinmotor. Der Motor hat dabei dasselbe Kompressionsverhältnis wie der Ottomotor, auch eine Zündkerze, aber er besitzt keinen Vergaser, sondern eine Brennstoffpumpe und eine Einspritzdüse, durch welche während des Kompressionshubes das Benzin in den Zylinder eingespritzt wird. Die Zündung erfolgt kurz vor dem Erreichen des Totpunktes. Wegen des Fortfalles des Drosselverlustes durch den Vergaser in der

Ansaugeleitung erhöht sich die Literleistung des Motors. Auch der thermische Wirkungsgrad des Motors wird besser.

Man kann den Dieselmotor auch mit Benzin betreiben, man muß nur zur Schmierung der Brennstoffpumpe 5% Schmieröl zumischen. Auch der ursprüngliche Gedanke der Gasdieselmaschine ist neuerdings in die Tat umgesetzt worden. Man saugt dabei als Brenngas ein Gas mit hoher Selbstentzündungstemperatur, z. B. Generatorgas, an. Unter Beibehaltung des hohen Kompressionsverhältnisses des Dieselmotors wird eine Zündkerze zur Zündung des Gasluft-Gemisches angebracht. Hat man Hochdruckgas, z. B. Stadtgas oder Flüssiggas, zur Verfügung, so kann man dies auch durch Düsen einspritzen und daneben noch eine kleine Menge Öl zur Zündung einspritzen.

Ein zweiter Grundgedanke Diesels, der Kohlenstaubmotor, wurde seit längerer Zeit auf Grund sehr verdienstvoller Vorarbeiten von Pawlikowsky versucht. Er besitzt eine Vorkammer, in welche die fein gemahlene Kohle eingeschleust wird. Die Zündung und Verbrennung selbst bietet keine Schwierigkeiten. Die Schwierigkeiten liegen darin, den Verschleiß durch die bei der Verbrennung zurückbleibende Asche in wirtschaftlich tragbaren Grenzen zu halten. Für einen Motor von 200 PS wurde bei $n = 200$ durch Versuche von Wahl ein Wärmeverbrauch von $W_e = 2500$ kcal $PS_e h^{-1}$ ermittelt. In Japan wurde ein schnellaufender Kohlenstaubmotor gebaut, der bei $n = 1300$—2000 $W_e = 2800$ lieferte. Ob der Motor sich als betriebs- und marktfähig erweist, muß erst die Zukunft lehren.

i) Die Gas- und Ölturbine

Als die Dampfturbine ihren erfolgreichen Aufschwung nahm, setzten sofort Bestrebungen ein, auch eine Gas- und Ölturbine zu bauen. Es wurden zwei Arbeitsverfahren versucht. Armengaud baute 1905 eine Gleichdrucköltrubine. Sie bestand aus einer Verbrennungskammer, der durch einen Brenner Druckluft von 5 at und Öl zugeführt wurden. Es bildete sich eine stationäre Flamme aus. Die heißen Verbrennungsgase wurden durch eine de Lavalsche Düse entspannt und beaufschlagten ein Curtis-Laufrad. Trotz teilweiser Kühlung der Brennkammer war die Maschine nicht gebrauchsfähig. Die Abb. 83 zeigt den Vergleichsprozeß dieser Bauart.

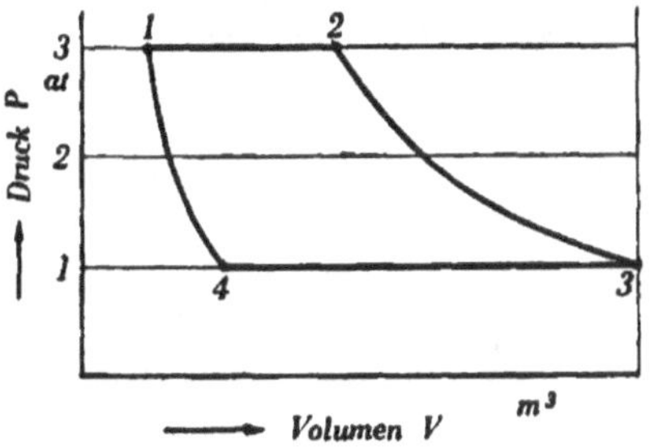

Abb. 83. Arbeitsprozeß der Gleichdruckturbine im Arbeitsdiagramm.

Bessere Erfolge wurden mit der Holzwarthturbine gemacht, die, als Gasturbine 1910 gebaut, periodisch arbeitet. Um die horizontale Turbinenwelle waren 10 Brennkammern angeordnet, in welchen nach der Füllung durch Gaskompressoren das Gasluft-Gemisch isochor verbrannte und dann in einer Lavaldüse sich entspannte. Als Turbine diente auch ein Curtislaufrad. Mit Ausnutzung der Abgaswärme zur Dampferzeugung zum Antrieb der Kompressoren konnte nur ein wirtschaftlicher Wirkungsgrad von 13% erreicht werden. Die Abb. 84 zeigt im *Pv*-Diagramm den Vergleichsprozeß des Verfahrens.

Beide Bauarten leiden an zwei Übeln. Betrachtet man z. B. in Abb. 85 den Vergleichsprozeß für das Gleichdruckverfahren und führt man dabei die nichtumkehrbare Entropiezunahme bei der Kompression und Expansion mit einem indizierten Wirkungsgrad von $\eta_i = 0{,}70$, bezogen auf die Adiabate, ein, so zeigt sich, daß schon bei kleinen Kompressionsdrücken die Motorleistung Null wird. Der zweite Übelstand ist die hohe Schaufeltemperatur. Wie S. 45 gezeigt wurde, erhitzt sich durch die Reibung in der Grenzschicht das Gas und damit die Schaufel fast bis

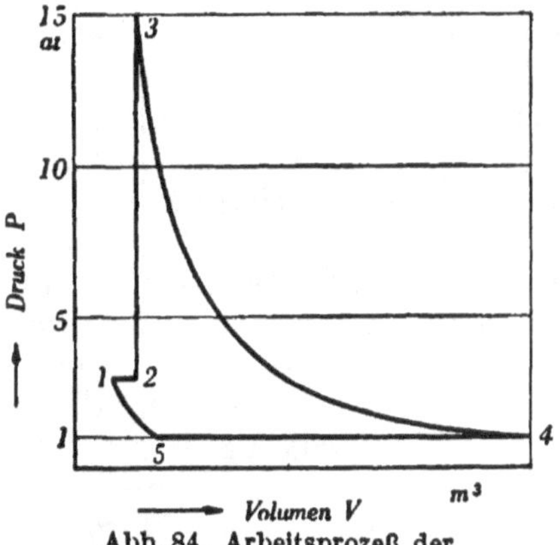

Abb. 84. Arbeitsprozeß der Holzwarthturbine im *Pv*-Diagramm.

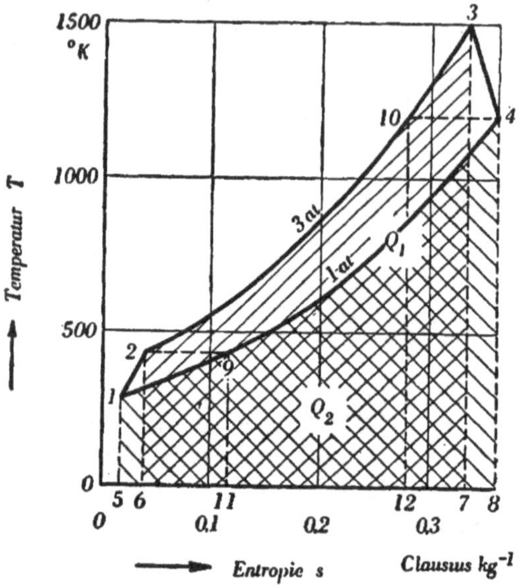

Abb. 85. Kreisprozeß einer Heißluftturbine.

auf die Temperatur vor der Düse.

Bei einer neueren Ausführung der Holzwarthturbine in Hamborn arbeitete die Turbine im Dauerbetrieb mit 720° C vor dem ersten Laufrad. Bei Turbinen, die nach dem Gleichdruckverfahren arbeiten, wird heute 580° als Höchsttemperatur für das Turbinenrad angesehen.

Durch Verbesserung der Konstruktion ist es der Firma B. B. C. gelungen, den ersten Übelstand zu überwinden und Turbokompressoren und Gasturbinen mit einem indizierten Wirkungsgrad von $\eta_i = 0{,}88$ herzustellen. Aber der zweite Übelstand ist leider noch nicht überwunden.

Bei einer neuen Ölturbine von B. B. C., die nach dem Gleichdruckverfahren arbeitet, wurde deshalb der Brennkammer soviel Luft beigemischt, daß die Verbrennungstemperatur vor der Turbine bei 4,27 at abs auf 552° C sank. Der niedrigen Temperatur entsprechend wurde nur ein Wirkungsgrad von 18% erreicht.

Ein neuer Vorschlag von Ackeret und Keller läuft darauf hinaus, siehe Abb. 86, eine Heißluftturbine zu bauen und bei ihr wie bei der veralteten Heißluftmaschine mit Wärmeregenerator zu arbeiten. Wie die Abb. 85 zeigt, tritt dann als zugeführte Wärme nicht mehr die Fläche unter der Isobare 23 auf, sondern nur noch die Fläche unter dem Stück 10—3 derselben. Die übrige Wärme wird aus der Abwärme unter der Isobare 49 regeneriert. Dadurch wird der Wirkungs-

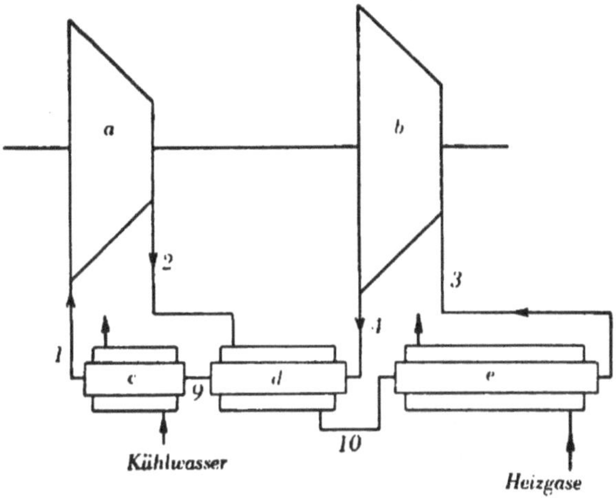

a Turbokompressor,
b Luftturbine,
c Kühler,
d Wärmeregenerator,
e Heizkessel.

Abb. 86. Schema einer Heißluftturbine.

grad wesentlich verbessert. Da der Luftkreislauf in das Hochdruckgebiet verlegt wird, ergeben sich für die Wärmeaustauscher Heizflächen von erträglicher Größe.

Auch B. B. C. haben ihrem Arbeitsverfahren einen Regenerator eingefügt und so eine Turbinenlokomotive gebaut, die auf dem Prüfstand, bezogen auf die Arbeit am Treibradumfang, einen wirtschaftlichen Wirkungsgrad von 18% ergab. Wenn er auch bedeutend schlechter als der einer Diesellokomotive ist, so übersteigt er doch den der Heißdampflokomotive.

Eingeführt und bewährt hat sich bisher nur die Abgasturbine. Sie wird bei der Großdieselmaschine zur Aufladung benützt (System Büchi) und zum gleichen Zweck bei Flugmotoren zur Erreichung großer Flughöhen. Da hier die Abgase den Motor mit über 1000° C verlassen, müssen sie vor dem Eintritt in die Turbine gekühlt werden. Statt dessen kühlt man auch die Laufradschaufeln, entweder durch den Fahrwind, oder man macht sie hohl und bläst Kühlluft hindurch.

k) Der Strahlantrieb

Eine sehr einfache Wärmekraftmaschine findet sich neuerdings bei Flugzeugen. Es wurde oben schon erwähnt, daß der

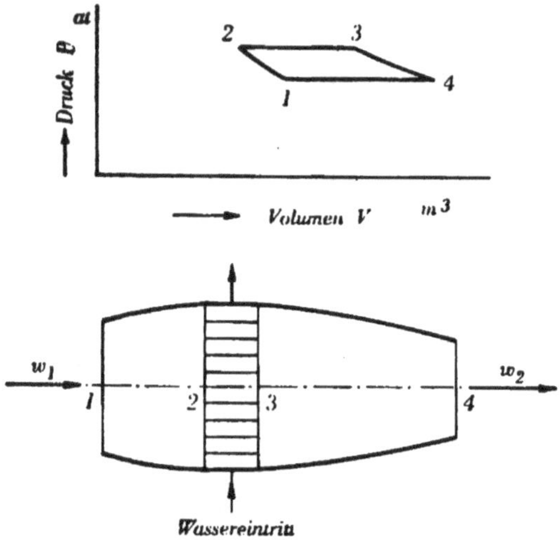

Abb. 87. Düsenkühler.

Luftwiderstand des Kühlers beim Flugzeug durch die Heißkühlung des Motors verringert werden kann. Der in der Abb. 87 gezeichnete Düsenkühler vermindert ihn noch weiter. Er stellt eine Heißluftmaschine dar, deren erzeugte mechanische Arbeit so groß ist, daß statt eines schädlichen Luftwiderstandes eine zusätzliche, nutzbringende Schubkraft in der Richtung des Propellerzuges entsteht. Dem Röhrchenkühler wird ein Diffusor vorgebaut, in welchem dem Fahrwind von der Geschwindigkeit w_1, ein Teil seiner kinetischen Energie entzogen und in Druck umgesetzt wird. Im Kühler findet im Idealfalle eine isobare Erwärmung statt. Nach dem Kühler ist noch eine Expansionsdüse angebaut, in welchem die Luft auf eine Geschwindigkeit w_2 expandiert. Dabei nimmt die kinetische Energie um den Betrag zu, der in dem Kühler aus Wärme in Arbeit verwandelt wird. Da $w_2 > w_1$, nimmt der Impuls beim Durchgang des Kühlers zu, dessen Reaktion den nützlichen Schub liefert.

Auch den Wärmevorrat der Auspuffgase kann man noch zur Arbeitsleistung heranziehen. Das am Ende vorhandene Druckgefälle gegen den Druck der Atmosphäre kann man durch Expansion in einer Düse in Geschwindigkeit umsetzen. Auch der dieser Geschwindigkeit entsprechende Impuls liefert eine zusätzliche Schubkraft. Man kann durch diese einfache Anordnung einen Teil des Verlustes durch unvollkommene Expansion wieder gewinnen. Bringt man noch Hilfsdüsen an, so kann man noch Luft aus der Umgebung ansaugen und nach rückwärts beschleunigen. Dies liefert eine weitere zusätzliche Vergrößerung des Vorschubes. Man erreicht dadurch eine Expansion der Abgase unter den Atmosphärendruck.

Ausblick

Es ist selbstverständlich, daß die Wärmekraftmaschinen thermisch noch weiter verbessert werden können, siehe S. 28. Aber nach Aussage der Geologen werden in einigen hundert Jahren die Brennstoffvorräte der Erde erschöpft sein. Der Mensch wird dann nach neuen Energiequellen Umschau halten müssen. Da drängt sich zunächst die Ausnutzung der Sonnenenergie in einer Wärmekraftmaschine auf. Auf eine Fläche von 1 m^2, die senkrecht zu den Strahlen liegt, treffen rund 600 kcal/h auf, die gerade zur Verdampfung von 1 kg Wasser ausreichen. Durch drehbare parabolische Hohlspiegel muß man diese Wärme auf eine röhrenförmige Heizfläche konzentrieren. Zur Erzielung einer nennenswerten Leistung müssen diese Spiegel riesige Dimension annehmen. Man ist deshalb bei diesbezüglichen Versuchen nicht über Leistungen von 20 PS hinausgekommen. Dieser Weg erscheint deshalb nicht ausssichtsreich.

Auch die Ausnützung der Erdwärme oder des Temperaturunterschiedes des Meerwassers in verschiedener Tiefe am Äquator oder die Ausnutzung der Polarkälte sind nicht vielversprechend.

Aber die Relativitäts- und die Quantentheorie erschließen eine ideale Lösung in dem durch sie begründeten Satz von der Trägheit der Energie. Nach ihm besitzt jede Energie vom Betrage E eine Masse

$$M = \frac{E}{c^2},$$

wenn $c = 3 \cdot 10^8\, ms^{-1}$ die Lichtgeschwindigkeit ist. Danach sind Masse und Energie gleichwertig und können ineinander verwandelt werden. Als vor 100 Jahren R. Mayer das Energieprinzip entdeckte, suchte man damit sofort die Quelle der Sonnenstrahlung zu finden. Aber alle Versuche scheiterten an dem von den Astronomen ermittelten Alter der Sonne von $2 \cdot 10^9$ Jahren. Heute sind die Astrophysiker der Überzeugung, daß die Sonnenwärme durch Verwandlung ihrer Masse in Strahlung entsteht. Es findet eine atomare Umwandlung von Wasserstoff in Helium statt, gemäß der Gleichung

$$2H_2 = He + E,$$

oder 4,032 kg = 4,003 kg + $0{,}63 \cdot 10^{12}$ kcal. Der Massenabnahme bei diesem Prozeß entspricht also eine gewaltige Wärmeerzeugung. Die Sonne wird dadurch um $4 \cdot 10^9$ kg in der Sekunde leichter.

Durch die zahlreichen im letzten Jahrzehnt in den physikalischen Laboratorien ausgeführten Arbeiten auf dem Gebiete der Kernphysik ist das Gesetz von der Trägheit der Energie auch durch Versuche fest begründet worden. Es ist der Forschung nun in den letzten Jahren gelungen solche Umwandlungen von Elementen zu finden, die für die Wärmeerzeugung geeignet sind. Man verwendet dabei gelenkte Kettenreaktionen. Als sehr brauchbar dafür erwies sich das Element Uran. Für die Spaltungsvorgänge des Urans ist im wesentlichen das seltene Isotop mit der Masse 235 verantwortlich. Diese Spaltungsvorgänge werden in sogenannten Uranbrennern vorgenommen, die mit schwerem Wasser als Bremssubstanz gefüllt sind. Ein solcher Brenner braucht zur Abschirmung der starken Strahlung 100 Tonnen Abschirmmaterial. Die Verwendung des Urans als Brennstoff zur Wärmeentwicklung ist dort am Platze, wo andere Brennstoffe entweder gar nicht oder nur schwer erhältlich sind, also auf Schiffen, Flugzeugen, in Polarländern und in der Wüste. Z. z. ist die aus 1 kg Uran gewonnene kcal etwa ebenso teuer wie die durch die Verbrennung von Kohle erzeugte.

Eine sinnvolle Ausnützung der Atomenergie kann der Menschheit viel Glück und Segen bringen.

Sachverzeichnis.

Abgase, nasse 10
Abgase, trockene 10
Abwärmeverwertung 123
absolut schwarzer Körper 32, 34
Absorptionsvermögen 32, 34
Ähnlichkeitsbetrachtung 16, 39
Aktionsturbine 77
Aktivierungsenergie 18
Antiklopfmittel 121
Arbeit am Radumfang 81
Arbeit, innere 82, 113
Arbeit, indizierte 51, 82, 113
Arbeit, maximale 27, 28
Arbeitsverlust 27, 59, 91, 116
Ausflußkoeffizient 86
Austrittsdreieck 89

Bankische Formel 89, 95
Beaufschlagung, partielle 78
Beaufschlagung, volle 78
Bensonkessel 105
Boulvin, Verfahren von 69
Brennstoff 5
Brennstoffe, feste 6
Brennstoffe, flüssige 6
Brennstoffe, gasförmige 6
Brennstoffverbrauch 52
Brünner Bauart 98

Carnotisierung 106
Carnotscher Kreisprozeß 55
Cetanzahl 131
Clausius-Rankinescher Prozeß 56, 74
Curtisrad 80
Curtisturbine 80

Dampfmantel 72
Dampfkessel 105
Dampfmaschine 50
Dampfmaschine, Vergleichsprozeß der 56, 74
Dampfturbine 77
Dampfverbrauch 53
Detonation 24
Dieselmotor 111, 129, 132
Dieselmotor, klassischer 129
Dieselmotor, kompressorlos 132
Düsenkühler 140
Druckstufe 78, 81
Druckturbine 77, 88
Dynamik, chemische 18

Einspritzung 129, 130
Eintrittsdreieck 89
Emissionsvermögen 32
Entropie, absolute 26
Entropiezunahme 25
Expansion, unvollständige 60
Explosionswelle 24

Faktor der rückgewonnenen Reibungswärme 92
Fouriersche Differentialgleichung 37
Fouriersches Gesetz 30
Füllungsregelung 100, 122

Gasmotor 112
Gasturbine 136
Gegendruckbetrieb 103
Gemischheizwert 11
Gemischregelung 122
Geschwindigkeitsbeiwert 85
Geschwindigkeitsstufe 80
Gleichstromdampfmaschine 76
Glühkopfmotor 128
Glühzündtemperatur 121
Gouy-Stodolasche Gleichung 27
Grashofsche Gleichung 83
Grenzschichtentheorie 43
Güldnerprozeß 129

Hauptsatz III. 26
Heißkühlung 123
Heizwert 7
Heizwert, oberer 8
Heizwert, unterer 7
Hesselmannverfahren 135
Hochdruckdampf 102
Hochdruckdampfkessel 105
Holzwarthturbine 137

Impulstheorie 43

kalorimetrische Untersuchung 67, 69
Kenngröße 40, 97
Kennzahl, Grashofsche 46
Kennzahl, Nußeltsche 40
Kennzahl, Pécletsche 40
Kennzahl, Prandtlsche 40
Kennzahl, Reynoldssche 40
Kettenreaktion 17
Kirchhoff, Gesetz von 32, 33
Klopfen 117, 119, 120
Kohlenstaubmotor 111, 136
Kompressionsverhältnis 113, 130, 135
Kondensation von Dämpfen 46
Konvektion 45
Konzentration, molare 18
Kraftgas 6

La Mont-Kessel 105
Lambertsches Strahlungsgesetz 35
Laval-Turbine 79
Luftgas 6
Luftmenge, minimale 9, 10
Luftüberschußzahl 9

Maximale Arbeit 28
Mischdampfmaschine 110
Mehrstoffwärmekraftmaschine 108
Molwärme, mittlere 12

Newtonsches Gesetz 30

Ölmotor 111, 127
Oktanzahl 117
Ottoscher Gasmotor 112

Parsonskennzahl 97
Parsons-Turbine 79
Pécletsche Gleichung 29, 31
Prévest, Gesetz von 31
Pumpenarbeit 113

Reaktionsgrad 77, 94, 99
Reaktionsgeschwindigkeit 18
Reaktionsturbine 77
Regelung der Dampfturbine 99
Regelung der Gasmaschine 122
Regenerativverfahren 109, 138
Reibungsarbeit 85
Reibungsbeiwert 85
Reibungswärme, rückgewonnene 85
Reibungswärme, rückgewonnene 85
Reibungswärme, Faktor der rückgewonnenen 92

Sauerstoffmenge, minimale 9, 10
Selbstentzündungstemperatur 13, 14
Schmidt-Hartmannscher Hochdruckkessel 105
Seiligerprozeß 133
Selbstzündung 17, 130
Sonnenenergie 141, 142
Spaltüberdruck 77
Speisewasservorwärmung 107
Stefan-Boltzmannsches Gesetz 32
Strahlantrieb 111, 139
Strahlungszahl 32, 34
Strömungsverlust, Beiwert des 86
Stufenzahl 95
Stumpfmaschine 76

Temperaturleitfähigkeit 37, 38
Trägheitsgesetz der Energie 141
Tropfenkondensation 48
Turbinenlokomotive 139

Überdruckturbine 77
Überhitzung 74

Velox-Kessel 105
Verbrennung, unvollkommene 7
Verbrennung, vollkommene 7
Verbrennungsgleichung, dynamische 15
Verbrennungsgleichung, statische 8
Verbrennungskraftmaschine 110
Verbrennungstemperatur, wirkliche 12
Verbrennungstemperatur theoretische 11
Verdrängungsgeschwindigkeit 23
Vergaser 125
Vergasermotor 111, 125
Vergleichsprozeß, der Dampfmaschine 54, 56
Vergleichsprozeß, der Dampfturbine 81
Vergleichsprozeß, des Dieselmotors 129
Vergleichsprozeß, des Ottomotors 114
Viertaktverfahren 114

Wandwirkung 65
Wassergas 6
Wasserhaut 47
Wärmedurchgangszahl 31
Wärme, fluktuierende 67, 71
Wärmekraftmaschine 5, 48
Wärmeleitung, Differentialgleichung der 37
Wärmeleitzahl 30
Wärmeregenerierung 106, 138
Wärmeübergangszahl 30
Wärmeübertragung 29
Wärmeverbrauch 49, 73
Wandwirkung 65, 72
Wilkesche Gerade 132
Wilson-Linie 87
Witzprozeß 114
Wirkungsgrad am Radumfang 81
Wirkungsgrad, des Kessels 51
Wirkungsgrad, indizierter 52, 58, 75, 82, 117
Wirkungsgrad, mechanischer 51, 82
Wirkungsgrad, thermischer 51, 57, 74, 82, 115, 129, 133
Wirkungsgrad, wirtschaftlicher 49, 51, 111

Zöllyturbine 81
Zündung 17
Zündfläche 18
Zündfunken 18
Zündgeschwindigkeit 18 19, 21
Zündgrenze, obere 20, 21
Zündgrenze, untere 20, 21
Zündverzug 13
Zündverzug, chemischer 14, 22, 25, 119, 131
Zündverzug, mechanischer 24
Zündverzug, thermischer 14
Zweitaktverfahren 114, 123, 135

Naturwissenschaften
und
Technik

SAMMLUNG GÖSCHEN

Jeder Band DM 2,40

Als 1889

„Klopstocks Oden" als erster Band der Sammlung Göschen

erschienen, blickte die G. J. Göschen'sche Verlagshandlung bereits auf ein Jahrhundert ihres Bestehens zurück. 1785 gründete Georg Joachim Göschen den Verlag und machte ihn durch die erste vierbändige Ausgabe der Werke Goethes, die Gesamtausgabe von Wielands Schriften, Schillers Don Karlos und andere Werke der klassischen Literatur schnell berühmt. Dieser vorwärtsdrängende Geist erwies sich weiterhin lebendig, als die Entwickelung der wirtschaftlichen und technischen Zeitverhältnisse längst das Interesse der Allgemeinheit von der reinen Dichtung zum Gebrauchsbuch geführt hatte.
Der große Gedanke, die Errungenschaften der Wissenschaften, Künste und Technik in knappster Form und zu billigem Preise einem weiten Leserkreis nahezubringen, wurde erstmalig in der »Sammlung Göschen« verwirklicht. Es ist kulturhistorisch interessant, an ihrer mehr als sechzigjährigen Geschichte die Veränderung des Zeitgeistes zu beobachten, zugleich aber auch die Hebung des geistigen Niveaus der Sammlung festzustellen. Stellten sich noch die allerersten Bändchen überwiegend auf die geistigen Bedürfnisse der obersten Klassen Höherer Schulen in ihrer ausgesprochenen philologischen und historischen Ausrichtung ein, treten nach der Jahrhundertwende die exakten Wissenschaften und die praktische Meisterung technischer Probleme in den Vordergrund. Gleichzeitig mit der Hebung der Allgemeinbildung wächst auch der Kreis der Benutzer. Der Aufbau der Sammlung folgt bereitwillig den neuen Strömungen. Grundsätzlich wird nun Gehalt und Gestalt auf den an Hochschulen üblichen Lehrstoff abgestellt, so daß die »Sammlung Göschen« das beliebteste und begehrteste Rüstzeug des Studenten wird. Wenn auch die steigenden Lebenshaltungskosten eine Anpassung des Preises erzwingen, so ist gerade in Zeiten der wirtschaftlichen Not, wie sie Deutschland seit dem Zusammenbruch durchlebt, das knappe, wissenschaftlich gediegene, allgemeinverständliche, billige Buch der erwünschte Helfer für alle Vorwärtsstrebenden, seien es Studenten oder Gelehrte, Arbeiter oder Männer der Wirtschaft und Technik.

Naturwissenschaften und Technik

Mathematik

Formelsammlungen, Logarithmentafeln

Mathematische Formelsammlung	von *F. Ringleb*. 5., verbesserte Aufl. Mit 57 Fig. 274 S. 1949.	51
Formelsammlung zur praktischen Mathematik	von *G. Schulz*. Durchgesehener Neudruck. Mit 10 Abb. 147 S. 1945.	1110
Vierstellige Tafeln und Gegentafeln	für logarithmisches und trigonometrisches Rechnen in zwei Farben zusammengestellt von *H. Schubert* und *R. Haussner*. Neudruck. 1951. In Vorbereitung.	81
Fünfstellige Logarithmen	Mit mehreren graphischen Rechentafeln und häufig vorkommenden Zahlwerten. Von *A. Adler*. 2. Aufl. Neudruck. 1. Tafel. 127 S. 1949.	423

Arithmetik und Algebra

Einführung in die Zahlentheorie	von *A. Scholz*. Neudruck. 136 S. 1945.	1131
Arithmetik	von *P. B. Fischer*. 2. Aufl. Neudruck. Mit 19 Abb. 152 S. 1951. In Vorbereitung.	47
Höhere Algebra	von *H. Hasse*. I. Lineare Gleichungen. 3. Aufl. 152 S. 1951.	931
	II. Gleichungen höheren Grades. 3. Aufl. 5 Fig. 158 S. 1951.	932
Determinanten	von *P. B. Fischer*. 4. Aufl. Neudruck. 116 S. 1951. In Vorbereitung.	402

Mathematik

Gruppentheorie	von *L. Baumgartner.* 2. Aufl. Mit 6 Fig. 115 S. 1949.	837
Aufgabensammlung zur höheren Algebra	von *H. Hasse* und *W. Klobe.* 2. Aufl. 1951. In Vorbereitung.	1082
Mengenlehre	von *E. Kamke.* 3. Aufl. Mit 6 Fig. 160 S. 1951. In Vorbereitung.	999

Analysis

Elemente der Funktionentheorie	von *K. Knopp.* 3. Aufl. Mit 23 Fig. 144 S. 1949.	1109
Funktionentheorie	I: Grundlagen der allgemeinen Theorie der analytischen Funktion von *K. Knopp.* Mit 8 Fig. 7. Aufl. 139 S. 1949.	668
	II: Anwendungen und Weiterführung der allgemeinen Theorie. Mit 7 Fig. 7. Aufl. 130 S. 1949.	703
Aufgabensammlung zur Funktionentheorie	I: Aufgaben zur elementaren Funktionentheorie von *K. Knopp.* 4. Aufl. 135 S. 1949.	877
	II: Aufgaben zur höheren Funktionentheorie. 4. Aufl. 151 S. 1949.	878
Gewöhnliche Differentialgleichungen	von *G. Hoheisel.* 4., neubearb. Auflage. 129 S. 1951. In Vorbereitung.	920
Partielle Differentialgleichungen	von *G. Hoheisel.* 3. Aufl. 1951. In Vorbereitung.	1003
Aufgabensammlung zu den gewöhnlichen und partiellen Differentialgleichungen	von *G. Hoheisel.* 2. Aufl. 1951. In Vorbereitung.	1059

Mathematik

Differentialrechnung	von *A. Witting.* 3., neubearb. Aufl. Mit 95 Fig. und 200 Beispielen. Durchgesehener Neudruck. 201 S. 1949.	87
Repetitorium und Aufgabensammlung zur Differentialrechnung	von *A. Witting.* 2. Aufl. Neudruck. 122 S. 1949.	146
Integralrechnung	2., verbesserte Aufl. von *A. Witting.* Durchgesehener Neudruck. Mit 62 Fig. und 190 Beispielen, 176 S. 1949.	88
Repetitorium und Aufgabensammlung zur Integralrechnung	von *A. Witting.* 2. Aufl. Neudruck. 121 S. 1949.	147
Einführung in die konforme Abbildung	von *L. Bieberbach.* 4. Aufl. Mit 42 Zeichnungen. 147 S. 1949.	768

Geometrie

Darstellende Geometrie	von *R. Haussner.* 1. Teil: Elemente, ebenflächige Gebilde 6., unveränderte Auflage. Mit 110 Fig. 207 S. 1947.	142
	2. Teil: Perspektive ebener Gebilde, Kegelschnitte. 5., unveränderte Aufl. Mit 88 Fig. 168 S. 1947.	143
Sammlung von Aufgaben und Beispielen zur analytischen Geometrie der Ebene	von *R. Haussner.* Neudruck. Mit 22 Fig. 139 S. 1949.	256
Ebene und sphärische Trigonometrie	von *H. Hessenberg.* 3., neubearbeitete Auflage, durchges. Neudruck. 1951. In Vorbereitung.	99

Differentialgeometrie	Raumkurven und Anfänge der Flächentheorie von *R. Rothe*. Neudruck. 32 Abb., 132 S. 1951. In Vorbereitung.	1113
Nichteuklidische Geometrie	von *R. Baldus*. 3. Aufl. Mit 71 Fig. 152 S. 1951. In Vorbereitung.	970

Angewandte Mathematik

Vermessungskunde	von *P. Werkmeister*. I. Stückmessung und Nivellieren 9. Aufl. Mit 145 Figuren. 172 S. 1949.	468
	II. Messung von Horizontalwinkeln. Festlegung von Punkten im Koordinatensystem. Absteckungen. 7. Aufl. Mit 63 Fig. 151 S. 1949.	469
	III. Trigonometrische und barometrische Höhenmessung. Tachymetrie und Topographie. 6. Aufl. Mit 64 Fig. 147 S. 1951. In Vorbereitung.	862
Praktisches Zahlenrechnen	von *P. Werkmeister*. 4. Aufl. Mit 60 Fig. 136 S. 1951. In Vorbereitung.	405
Versicherungsmathematik	von *F. Böhm*. I: Elemente der Versicherungsrechnung 2., vermehrte und verbesserte Auflage. Neudruck. 149 S. 1951.	180
	II: Lebensversicherungsmathematik. Einführung in die technischen Grundlagen der Sozialversicherung. 1951. In Vorbereitung.	917
Vektoralanalysis	von *S. Valentiner*. 7., wesentl. veränderte Auflage. Mit 19 Fig. 138 S. 1950.	354

Geschichte

Geschichte der Mathematik	von *J. E. Hofman.* I: Von den Anfängen bis zum Auftreten von Format und Descartes. 192 S. 1951. In Vorbereitung.	226

Physik

Physikalische Formelsammlung	von *G. Mahler.* 8., verbess. Aufl. 153 S. 1950.	136
Physikalische Aufgabensammlung	von *G. Mahler.* 7. Aufl. 128 S. 1951. In Vorbereitung.	243
Differentialgleichungen der Physik	von *E. Sauter.* 2. Aufl. Mit 16 Fig. 148 S. 1950.	1070
Einführung in die Kristalloptik	von *E. Buchwald.* 4. Aufl. 116 Fig. 134 S. 1951. In Vorbereitung.	619
Physikalisch-Chemische Rechenaufgaben	von *E. Asmus.* 2. Aufl. 96 S. 1949.	445
Vektoranalysis	von *S. Valentiner.* 7., wesentl. veränderte Auflage. Mit 19 Fig. 138 S. 1950.	354

Chemie

Allgemeine und anorganische Chemie

Geschichte der Chemie	Bd. I: Vom Altertum bis zur Entdeckung des Sauerstoffs von *G. Lockemann.* Mit 8 Abb. 143 S. 1950.	264

Chemie

Allgemeine und physikalische Chemie	von *W. Schulze.* I. Teil. 3., durchgesehene Auflage. Mit 22 Fig. 146 S. 1949.	71
	II. Teil. 3., durchgesehene Auflage. Mit 36 Fig. 160 S. 1949.	698
Physikalisch-Chemische Rechenaufgaben	von *E. Asmus.* 2. Aufl. 96 S. 1949.	445
Anorganische Chemie	von *W. Klemm.* 6. Aufl. Mit 18 Abb. 184 S. 1944.	37
Thermochemie	von *W. Roth.* 2., verbesserte Aufl. 109 S. 1947.	1057
Stöchiometrische Aufgabensammlung	mit den Ergebnissen von *W. Bahrdt* und *R. Scheer.* 5. Aufl. 1951. In Vorbereitung.	452

Organische Chemie

Organische Chemie	von *W. Schlenk.* 5. Aufl. Mit 17 Fig. 289 S. 1949.	38

Experimentelle Chemie

Analytische Chemie	von *J. Hoppe.* I: Reaktionen. 5., verbesserte Aufl. 135 S. 1950.	247
	II: Gang der qualitativen Analyse. 5., verbesserte Aufl. 168 S. 1950.	248
Maßanalyse	Theorie und Praxis der klassischen und der elektrochemischen Titrierverfahren von *G. Jander* und *K. F. Jahr.* Band 1: 6. Aufl. 140 S. 1951. In Vorbereitung.	221
	Band 2: 5. Aufl. Mit 24 Fig. 139 S. 1948.	1002

Elektrochemie

Elektrochemie und ihre physikalisch-chemischen Grundlagen	von *A. Dassler*. Bd. I: Mit 21 Abb. 149 S. 1950.	252
	Bd. II: Mit 17 Abb. 178 S. 1950.	253

Naturwissenschaften

Biologie

Hormone	von *G. Koller*. 2. Aufl. Mit 60 Abb. und 19 Tab. 187 S. 1949.	1141
Geschlecht und Geschlechtsbestimmung im Tier- und Pflanzenreich	von *M. Hartmann*. 2. Aufl. Mit 62 Abb. 155 S. 1951. In Vorbereitung.	1127
Fortpflanzung im Tier- und Pflanzenreich	von *J. Hämmerling*. 2., ergänzte Aufl. Mit 101 Abb. 135 S. 1951.	1138
Grundriß der allgemeinen Mikrobiologie	von *W. Schwartz*. Band I. Mit 17 Abb. 104 S. 1949.	1155
	Band II. Mit 12 Abb. 93 S. 1949.	1157
Symbiose der Tiere mit pflanzlichen Mikroorganismen	von *P. Buchner*. 2., verb. und vermehrte Auflage. Mit 121 Abb. 130 S. 1949.	1128

Botanik

Entwicklungsgeschichte des Pflanzenreiches	von *H. Heil*. 2. Aufl. Mit 94 Abb. und 1 Tab. 138 S. 1950.	1137
Morphologie der Pflanzen	von *L. Geitler*. 3. Aufl. 1951. In Vorbereitung.	141
Pflanzengeographie	von *L. Diels*. 4., verb. Aufl. Mit 1 Karte. 167 S. 1945.	389

Pflanzenzüchtung	von *H. Kuckuck*. 2., durchges. Aufl. Mit 12 Abb. 125 S. 1944.	1134
Die Laubhölzer	von *W. Neger* und *E. Münch*. 3., durchges. Aufl., herausgegeben von *B. Huber*. Mit 63 Fig. und 7 Tab. 142 S. 1950.	718

Zoologie

Vergleichende Physiologie der Tiere	von *K. Herter*. I: Stoff- und Energiewechsel. 3. Aufl. Mit 64 Abb. 155 S. 1950.	972
	II: Bewegung und Reizerscheinungen. 3. Aufl. Mit 110 Abb. 148 S. 1950.	973

Geologie - Mineralogie - Kristallographie

Geologie	von *H. Cloos*. 3. Aufl. 77 Abb. 144 S. 1951. In Vorbereitung.	13
Mineralogie	von *R. Brauns* und *K. F. Chudoba*. 8., neubearb. Aufl. Mit 125 Textfiguren und 9 Abb. auf einer Tafel. 143 S. 1943.	29
Petrographie	von *W. Bruhns*. 3., durchgesehene Aufl. Mit 10 Figuren. 117 S. 1949.	173
Kristallographie	von *W. Bruhns* und *P. Ramdohr*. 4. Aufl. 1951. In Vorbereitung.	210
Lötrohrprobierkunde	Mineraldiagnose mit Lötrohr und Tüpfelreaktion von *M. Henglein*. 3., verb. Aufl. Mit 11 Fig. 91 S. 1949.	483

Land- und Forstwirtschaft

Kulturtechnische Bodenverbesserungen — von *O. Fauser*.
I: Allgemeines, Entwässerung
4., neubearbeitete Aufl. 122 S. 1947. 691

II: Bewässerung, Ödlandkultur, Umlegung.
4., neubearb. Aufl. 150 S. 1948. 692

Die Laubhölzer — von *W. Neger* und *E. Münch*. 3., durchgeseh. Aufl., hsg. von *B. Huber*.
Mit 63 Fig. u. 7 Tab. 142 S. 1950. 718

Ingenieurwissenschaften

Allgemeines

Technische Tabellen und Formeln — von *W. Müller*.
4., überarbeitete Aufl. von *E. Schulze*.
1951. In Vorbereitung. 579

Technische Thermodynamik — von *W. Nusselt*. I: Grundlagen.
3., verb. Aufl. Mit 71 Abb. 144 S. 1951. 1084

II: Theorie der Wärmekraftmaschinen.
Neudruck. Mit 87 Abb. u. 32 Zahlentafeln. 144 S. 1951. 1151

Festigkeitslehre — von *W. Gebler* und *W. Herberg*.
I: Elastizität, Plastizität und Festigkeit der Baustoffe und Bauteile
Neudruck. 1951. In Vorbereitung. 1144

Metallkunde	von *H. Borchers.* I: Aufbau der Metalle und Legierungen. Mit 2 Tab. und 90 Abb. 3. Aufl. 110 S. 1951.	432
	II: Eigenschaften, Grundzüge der Form und Zustandsgebung. 2. Aufl. Mit 8 Tab., 100 Abb. 154 S. 1951. In Vorbereitung.	433
Technische Schwingungslehre	von *L. Zipperer.* Bd. I. 2. Aufl. 1951. In Vorbereitung.	953

Maschinenbau

Die Maschinenelemente	von *E. vom Ende.* 2., verbesserte Aufl. Mit 175 Fig. und 12 Taf. 159 S. 1950.	3
Das Maschinenzeichnen mit Einführung in das Konstruieren	von *W. Tochtermann.* I: Das Maschinenzeichnen. 4. Aufl. Mit 77 Tafeln. 156 S. 1950.	589
	II: Ausgeführte Konstruktionsbeispiele. 4. Aufl. Mit 58 Tafeln. 130 S. 1950.	590
Die Dampfkessel und Feuerungen einschließlich Hilfseinrichtungen	in Theorie. Konstruktion und Berechnung. von *W. Marcard,* neubearb. von *K. Beck.* I: Die theoretischen Grundlagen. Wärme, Verbrennung, Wärmeübertragung. Mit 42 Abb. und 16 Tab. 150 S. 1951. In Vorbereitung.	9
	II: Dampfkessel. Mit 53 Abb. und mehreren Tab. 2. Aufl. 138 S. 1951. In Vorbereitung.	521
Gießereitechnik	von *H. Jungbluth.* I. Teil: Eisengießerei. Mit zahlreichen Abb. 136 S. 1951. In Vorbereitung.	1159
Autogenes Schweißen und Schneiden	von *H. Niese.* 5. Aufl., neubearb. von *A. Küchler.* Mit 71 Fig. 136 S. 1951. In Vorbereitung.	499

Hoch- und Tiefbau

Die wichtigsten Baustoffe des Hoch- und Tiefbaues	von *O. Graf*. 3., verb. Aufl. Mit 58 Abb. 126 S. 1947.	984
Baustoffverarbeitung und Baustellenprüfung des Betons	von *A. Kleinlogel*. Mit 35 Abb. 126 S. 1950.	970
Grundlagen des Stahlbetonbaues	von *A. Troche*. 2. Aufl. 1951. In Vorbereitung.	1078
Fenster, Türen, Tore aus Holz und Eisen	von *W. Wickop*. 3., überarbeitete und ergänzte Aufl. Mit 96 Abb. 154 S. 1949.	1092

Elektrotechnik

Die Gleichstrommaschine	von *K. Humburg*. I: Durchgesehener Neudruck. Mit 59 Abb. 102 S. 1949.	257
	II: Durchgesehener Neudruck. Mit 38 Abb. 98 S. 1949.	881
Die synchrone Maschine	von *K. Humburg*. Mit 79 Bildern. 109 S. 1950.	1146
Transformatoren	von *W. Schäfer*. 2. Aufl. Mit 74 Abb. 128 S. 1949.	952
Die komplexe Berechnung von Wechselstromschaltungen	von *H.-H. Meinke*. Mit 114 Abb. 160 S. 1949.	1156
Theoretische Grundlagen zur Berechnung der Schaltgeräte	von *F. Kesselring*. 3. Aufl. Mit 92 Abb. 143 S. 1950.	711
Elektromotorische Antriebe	(Grundlagen für die Berechnung) von *A. Schwaiger*. 3. Aufl. 32 Abb. 102 S. 1951.	827

Überspannungen und Überspannungsschutz von *G. Frühauf.* Neudruck. Mit 98 Abb. 122 S. 1951. 1132

Wasserbau

Verkehrswasserbau von *H. Dehnert.*
I: Entwurfsgrundlagen. Flußregelungen Mit 52 Textabb. 102 S. 1950. 585
II: Flußkanalisierungen und Schiffahrtskanäle. Mit 60 Textabb. 92 S. 1950. 597
III. Schleusen und Hebewerke. Mit 70 Textabb. 98 S. 1950. 1152

Technologie

Warenkunde von *K. Hassak* und *E. Beutel.*
Bd. I: Anorganische Waren sowie Kohle und Erdöl. Mit 19 Fig. 116 S. 1947. 222
Bd. II: Organische Waren. Mit 32 Fig. 143 S. 1949. 223

Die Fette und Öle von *K. Braun.* 5. Aufl. Vollständig neubearb. und verbess. von *Th. Klug.* 142 S. 1950. 335

Unsere Verlage

Walter de Gruyter & Co.

Vormals G. J. Göschen'sche Verlagshandlung – J. Guttentag, Verlagsbuchhandlung – Georg Reimer – Karl J. Trübner – Veit & Co. – Berlin W 35

Cram, de Gruyter & Co. m. b. H.

Hamburg I, Messberghof 8

A. Marcus & E. Weber's Verlag, Berlin W 35

J. Schweitzer Verlag, Berlin W 35

Technischer Verlag Herbert Cram, Berlin W 35

Therapeutische Registratur, Berlin W 35

Alfred Töpelmann Verlag, Berlin W 35

Unsere Verlagsgebiete

Theologie · Religionswissenschaft · Philosophie · Psychologie · Pädagogik · Geschichte · Soziologie · Rechts- und Staatswissenschaften · Volkswirtschaft · Handelswissenschaft · Biographien · Schachliteratur · Kulturgeschichte · Vorgeschichte · Archäologie · Literaturwissenschaft · Sprachwissenschaft · Orientalistik · Kunst · Musik · Mathematik · Astronomie · Physik · Chemie · Geologie · Mineralogie · Biologie · Botanik · Zoologie · Erd- und Völkerkunde · Medizin · Psychiatrie · Hygiene · Tierheilkunde · Pharmazie · Technik · Bauwesen · Berg- und Hüttenwesen · Technologie · Land- und Forstwirtschaft.

*

Der »Verlagskatalog 1749–1949« enthält alle Werke und Zeitschriften unserer Verlage, die noch lieferbar sind. Über die laufende Produktion unterrichten die Auswahlkataloge »Für Studium und Praxis«. Sie liegen für die Gebiete Mathematik – Naturwissenschaften – Rechtswissenschaften – Theologie – Medizin vor, weitere folgen für die anderen Disziplinen.

Prospekte für alle Neuerscheinungen stehen jederzeit zur Verfügung.

Druck: Brüder Hartmann, Berlin. 4. 51. 80 0

FSC
www.fsc.org
MIX
Papier | Fördert gute Waldnutzung
FSC® C083411

Kolibri 360 GmbH
Ferdinand-Jühlke-Straße 7
99095 Erfurt, Deutschland
produktsicherheit@kolibri360.de